蔬菜

近似害虫识别图鉴

石宝才 宫亚军 魏书军 主编

中国农业出版社

图书在版编目（CIP）数据

蔬菜近似害虫识别图鉴／石宝才，宫亚军，魏书军主编．—北京：中国农业出版社，2018.7（2019.6重印）
ISBN 978-7-109-24196-1

Ⅰ．①蔬… Ⅱ．①石… ②宫… ③魏… Ⅲ．①蔬菜害虫-防治-图鉴　Ⅳ．①S436.3-64

中国版本图书馆CIP数据核字（2018）第122878号

中国农业出版社出版
（北京市朝阳区麦子店街18号楼）
（邮政编码 100125）
责任编辑　郭晨茜　孟令洋

北京中科印刷有限公司印刷　新华书店北京发行所发行
2018年7月第1版　2019年6月北京第2次印刷

开本：880mm×1230mm　1/32　印张：5.75
字数：180千字
定价：35.00元
（凡本版图书出现印刷、装订错误，请向出版社发行部调换）

编写人员

主　编：石宝才　宫亚军　魏书军
副主编：陈金翠
编　者（按姓氏笔画排序）：
　　　　王泽华　石宝才　朱　亮
　　　　陈金翠　宫亚军　曹利军
　　　　魏书军

前言
FOREWORD

我国是世界上最大的蔬菜生产和消费国家。长期以来，病虫害的发生一直是制约我国蔬菜产业发展的难题之一。生产上许多害虫的形态特征、为害特点极其相似，难以辨别，这给防治工作带来了一定难度，有时因为害虫种类鉴定错误导致防治不当，造成经济损失。

本书针对目前蔬菜生产上危害严重的害虫种类，选取形态特征和危害特点相似的20组害虫以及单独的6种害虫，以图文并茂的形式对这些害虫的鉴别特征进行了描述。为了便于读者准确把握害虫的形态特征，我们对图中关键鉴别特征进行了标注，对近似害虫的区别特征进行了比较。考虑到生产上的实用性，书中对这些害虫的发生规律和防治方法进行了描述，还对害虫天敌种类做了较全面的整理，提供了大量天敌的生态图片，突出了害虫"减药"绿色防控的理念。

本书所涉及的近似种不同于分类学上的近缘种。书中对近似害虫的划分既包含形态分类学上的近似，也包含对作物造成为害症状的近似，还包含取食为害部位的近似。以上这些近似害虫的划分是从教学、生产以及科普等多方面考虑，以适合更多的读者参考和借鉴。

该书在撰写过程中得到朱国仁先生和吴钜文先生的热情指导，两位先生对书稿的撰写提出了宝贵的建议。此外，司升云老师提供了部分图片，王晓军老师在杀虫剂使用技术方面给予指导。在此一并表示感谢！

由于作者水平有限，书中遗漏与不足之处在所难免，敬请读者批评指正。

编者

2018.06.20

蔬菜近似害虫识别图鉴

01 华北蝼蛄和东方蝼蛄

1.1 华北蝼蛄 *Gryllotalpa unispina* Saussure

华北蝼蛄属直翅目 Orthoptera，蝼蛄科 Gryllotalpidae，又名单刺蝼蛄。分布在我国东北、华北、西北、华东的北纬32°以北地区。还分布于西伯利亚、土耳其等地。寄主植物广泛，可为害蔬菜、大田作物的种子、幼苗及树木的种苗。

【形态特征】

成虫：雌成虫体长45～66mm，雄成虫体长39～45mm，体黄褐色，全身密被黄褐色细毛，头部暗褐色，中央有3个单眼，触角丝状。前胸背板盾形，中央有一个凹陷不明显的心脏形暗红色斑。前翅黄褐色，长14～16mm，仅覆盖腹部1/3；后翅长略超过腹部（图1-1）。足黄褐色，前足特化成发达的开掘足；腿节下缘呈S形弯曲，后足胫节内上方有刺1根或完全消失（图1-2）。

图1-1　成虫

图1-2　成虫后足胫节

卵：长1.6～2.8mm。初产时乳白色有光泽，后变为黄褐色，孵化前呈暗灰色。

若虫：有13龄，一龄体长3.5mm，末龄体长40mm。初孵时乳白色，渐变至浅黄色；复眼淡红色，头部淡黑色，二至四龄淡黄色，五龄后渐变至黄褐色。

【生活习性】

华北蝼蛄3年左右完成1代，其中卵期17d左右，若虫期730d左右，成虫期1年以上。在华北地区，越冬成虫于6月上、中旬产卵，7月初孵化，初孵幼虫有群集性，三龄后分散为害，秋季发育至八至九龄后，深入80～100cm土中越冬。次年春越冬若虫又继续为害，秋季发育至十二、十三龄后又进入越冬。第三年春又活动为害，夏季若虫羽化为成虫，即以成虫越冬。

成虫有趋光性，昼伏土中，夜间活动。活动取食高峰在晚9：00～11：00，具有群集性。初孵化的若虫怕光、怕风、怕水，有群集性。华北蝼蛄在风速小、气温较高闷热的夜晚可大量诱集到。

成虫有趋化性，对香、甜等物质气味有趋性，对煮至半熟的谷子、炒香的豆饼、麦麸等特别喜食。对马粪等未腐烂有机物质也具有趋性。喜在潮湿的土壤中生活，所以多栖息在河岸渠旁、菜园地、盐碱地、水浇地。一般地表10～20cm处土壤湿度在20%左右时，活动为最盛，低于15%时，活动减弱。

土壤类型对蝼蛄的分布和密度影响极大。据山西调查，盐碱地虫口密度大，壤土地次之，黏土地最小，水浇地的虫口密度大于旱地。

温度对蝼蛄活动的影响很大。在早春，地温升高，就接近地表活动，当地温下降时，又潜回土壤深处。在秋季，当旬平均气温下降至6.6℃左右，土温下降至10.5℃时，成虫、若虫开始潜入深土层越冬，其越冬深度是在当地地下水位以上和冻土层以下。早春，当平均气温上升至2.3℃，20cm土温为2.3℃左右时，越冬蝼蛄开始苏醒。当旬平均气温为7.0℃，20cm土温达5.4℃时，地面开始出现两种蝼蛄的新鲜虚土隧道。在春、秋两季旬平均气温和20cm土温达16～20℃时，是蝼蛄猖獗为害时期。在一年之中，有两个为害高峰。

1.2 东方蝼蛄 *Gryllotalpa orientalis* Bumerister

东方蝼蛄属直翅目 Orthoptera，蝼蛄科 Gryllotalpidae。在我国各省份均有分布。寄主植物广泛，可为害蔬菜、大田作物的种子、幼苗及树木的种苗。

【形态特征】

成虫：体长30～35mm，灰褐色，全身密布细毛（图1-3）。头圆锥形，触角丝状。前胸背板卵圆形，中间具一暗红色长心脏形凹陷斑（图1-4）。前翅灰褐色，达到或超过腹部中部（图1-3）。后翅扇形，长度超过腹部末端伸达尾须的1/3处（图1-5）。腹末具1对尾须。前足为开掘足（图1-4），后足胫节背面内侧有3～4根刺（图1-6）。

图1-3　成虫取食

图1-4　成虫头部与开掘足

图1-5　成虫

图1-6　成虫后足胫节

距（刺）

卵：初产时乳白色有光泽，后变黄褐色，孵化前呈暗灰色。

若虫：分6龄，初孵时乳白色，随生长发育颜色逐渐加深。

【生活习性】

东方蝼蛄在华中、长江流域及其以南各省每年发生1代，华北、东北、西北2年左右完成1代，陕西南部1年1代，陕北和关中地区1～2年1代。

在黄淮地区，越冬成虫5月开始产卵，盛期为6～7月，卵经15～28d孵化，当年孵化的若虫发育到四至七龄后，在40～60cm深土中越冬。第二年春季恢复活动，为害至8月开始羽化为成虫。若虫期长达400余天。当年羽化的成虫少数可产卵，大部分越冬后，至第三年才产卵。在黑龙江省越冬成虫活动盛期约在6月上、中旬，越冬若虫的羽化盛期约在8月中、下旬。东方蝼蛄可为害各种蔬菜。

蝼蛄喜欢栖息在河岸渠旁、菜园地及轻度盐碱潮湿地。东方蝼蛄比华北蝼蛄更喜湿，多集中在沿河两岸、池塘和沟渠附近产卵。产卵前先在5～20cm深处作窝，窝中仅有1个长椭圆形卵室，雌虫在卵室周围约30cm处另作窝隐蔽，每雌产卵60～80粒。

成虫、若虫均在土中活动，取食播下的种子、幼芽或将幼苗咬断致死，受害的根部呈乱麻状。昼伏夜出，晚9：00～11：00为活动取食高峰。

成虫具有强烈的趋光性。利用黑光灯，特别是在无月光的夜晚，可诱集到大量东方蝼蛄，且雌性多于雄性。华北蝼蛄因身体笨重，飞翔能力弱，诱量小，常落于灯下周围地面。但在风速小、气温较高、闷热将雨的夜晚，也能大量诱到。

蝼蛄对香、甜物质气味有趋性，特别嗜食煮至半熟的谷子、棉籽及炒香的豆饼、麦麸等。因此可制毒饵来诱杀之。此外，蝼蛄对马粪、用作有机肥的未腐熟有机物有趋性，所以，在堆积马粪处、粪坑周围及有机质丰富的地方蝼蛄就多，可用毒粪进行诱杀。

温馨提示

东方蝼蛄孵化后3～6d群集在一起，以后分散为害；华北蝼蛄一、二龄若虫仍群居，三龄后才分散为害。

1.3 区别特征

华北蝼蛄	VS	东方蝼蛄
接近 1 : 3	头与腹部比例	接近或小于 1 : 2.5
覆盖腹部 1/3 左右	前翅长度	覆盖腹部 1/2 左右
略超过腹部末端	后翅长度	明显超过腹部末端
有刺 1 根或无	后足胫节内上方	有刺 3～4 根

1.4 防治技术

（1）农业防治　①深翻土壤、精耕细作造成不利蝼蛄生存的环境，减轻危害；夏收后，及时翻地。②破坏蝼蛄的产卵场所，施用腐熟的有机肥料，不施用未腐熟的肥料。③在蝼蛄为害期，追施碳酸氢铵等化肥，散出的氨气对蝼蛄有一定驱避作用。④秋收后，进行大水灌地，使向深层迁移的蝼蛄，被迫向上迁移，在结冻前深翻，把翻上地表的害虫冻死；实行合理轮作，改良盐碱地，有条件的地区施行水旱轮作，可消灭大量蝼蛄、减轻危害。

（2）物理防治　利用蝼蛄的趋光性、趋化性和趋粪性进行诱杀。①在晚7：00～10：00开黑光灯诱杀成虫。②毒饵诱杀。用炒制香味散发的玉米面、谷子、豆饼、麦麸拌入90%的敌百虫毒饵于晴天傍晚按照75kg/hm^{2}的用量撒在作物行间、根苗附近。③马粪诱集或加毒饵诱杀。在田间每隔18m一行，在行中每隔18m挖一长30～40cm、宽20cm、深6cm的坑，在坑内用适量马粪与湿土拌匀摊平，上面撒一小把毒饵，每667m^{2}用毒饵约250g。④人工捕杀。结合田间操作，对新拱起的蝼蛄隧道，采用人工挖洞捕杀虫、卵。

（3）化学防治　①种子处理。用50%辛硫磷乳油1kg兑水50kg，稀释后喷洒在500kg种子上，搅拌均匀或浸种。②种子包衣。每100kg种子用15%吡福烯唑醇悬浮种衣剂250～375g进行种子包衣。③撒施毒土。用50%辛硫磷乳油、25%辛硫磷微囊缓释剂与过筛的细土20kg拌匀，将毒土撒施于种子表面。

2.1 西花蓟马 *Frankliniella occidentalis* （Pergande）

西花蓟马属缨翅目 Thysanoptera，蓟马科 Thripidae。分布遍及美洲、欧洲、亚洲、非洲、大洋洲。在我国分布已报道的有云南、贵州、浙江、山东、江苏、湖南、河南、天津、北京、新疆、西藏及台湾等地。寄主植物多达 500 余种，主要有茄子、辣椒、番茄、豆类蔬菜、瓜类蔬菜、生菜、兰花、菊花、李、桃、苹果、葡萄、草莓等。其中辣椒、黄瓜受害最重。

西花蓟马对农作物危害极大。该虫以锉吸式口器取食植物的茎、叶、花、果，导致花瓣退色，叶片皱缩，茎和果则形成伤疤，最终可使植株枯萎，同时还传播番茄斑萎病毒在内的多种病毒。

【形态特征】

成虫：雌虫体长 1.3 ～ 1.4mm，雄虫体长 0.9 ～ 1.1mm；体黄色至黄褐色，头及胸部略淡，腹部各节前缘暗棕色。触角 8 节（图 2-1A），第 3 ～ 5 节黄色，其余各节淡棕色，第 3 ～ 4 节上有叉状感觉锥。头短于前胸，两颊后部略收窄。单眼 3 个，三角形排列；单眼间鬃（图 2-1B）发达，位于前、后单眼中心连线上，其中一对单鬃与复眼后方的一对长鬃（图 2-1C）等长。前胸背板有 4 对长鬃，分别位于前缘、左右前角各 1 对（图 2-1D），左右后角 2 对（图 2-1E），后缘中央有 5 对鬃，其中从中央向外第 2 对鬃最长（图 2-1F）。中后胸背板愈合。前翅淡黄色，上脉鬃 18 ～ 21 根，下脉鬃 13 ～ 16 根。腹部第 5 ～ 8 节背板两侧有微弯梳，第 8 节背板后缘有梳状毛 12 ～ 15 根。第 9 节背板有 2 对钟状感觉器。第 3 ～ 7 节腹板后缘有鬃 3 对。雄成虫腹部第 3 ～ 7 节腹板前部有一小的椭圆形腺室，第 8 节腹板后缘无梳状毛。

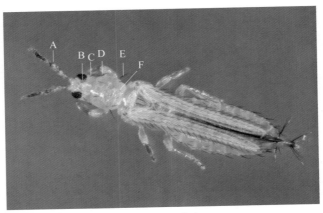

图 2-1　成虫
（A.触角　B.单眼间鬃　C.复眼后方的长鬃
D、E.前胸背板长鬃　F.后缘中央的鬃）

卵：长 0.2～0.5mm，白色，肾形，产于植物组织中（图2-2）。

若虫：黄色，无翅，复眼浅红。初孵时体细小，半透明白色，蜕皮前变成黄色，二龄若虫金黄色（图2-3）。

预蛹：与二龄若虫相似，但有短翅芽，其触角前伸（图2-4）。

蛹：翅芽长度超过腹部一半，几乎达腹部末端，触角向头后弯曲（图2-5）。

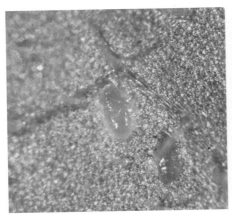

图2-2　卵

图2-3　若虫

图2-4 预蛹

图2-5 蛹

【生活习性】

西花蓟马白天非常活跃，若虫喜欢在植株表面快速爬行、跳跃，预蛹和蛹均处于静止状态，不取食。成虫活动敏捷，能飞善跳。遇到惊扰即迅速扩散，具有群居性，常积聚在植物的花朵中取食花蜜和花粉（图2-6），并在此交尾。交尾1～3d后在植物叶片上选择靠近叶脉和叶毛的下面，将卵产于植物组织之中。一头雌虫一生可产卵100～300粒。产卵多少与寄主植物种类、营养和环境相关。

西花蓟马在我国年发生世代因地而异，根据有效积温法则推测在华南、华中、华北和东北地区分别为24～26代、16～18代、13～14代和1～4代。西花蓟马种群数量的增长速度与寄主植物的生育期关系密切，在苗期和开花期以前，田间的种群增长缓慢，开花后种群增长迅速，同时逐渐进入为害盛期。叶片受害后形成许多不规则失绿的小斑点（图2-7），果实被害后形成木质化的表面（图2-8至2-11），影响外观并失去商品价值。

图2-6 成虫聚集花中为害

图2-7 茄子叶片被害状

图2-8　茄子果实被害状

图2-9　番茄果实被害状

图2-10　甜椒果实被害状

图2-11　黄瓜果实被害状

西花蓟马营两性生殖和孤雌生殖，受精卵发育为雌性，未受精卵和孤雌生殖的卵发育为雄性，但也有个别例外。

西花蓟马成虫除了对蓝色和蓝色光（波长为438.2～506.6nm）趋性很强外，对黄色和黄色光也具有较强的趋性，同时，对甲基丁酸橙花酯，以及甲基丁酸橙花酯与乙酸薰衣草酯1：1混合趋性也很强。生产上常将该物质与粘虫蓝板和黄板结合诱杀成虫效果很好。

西花蓟马适宜寄主植物为黄瓜、茄子、菜豆、萝卜和香菜。蒜和芹菜为非适宜寄主植物。

西花蓟马对温度适应范围广，在10～30℃均能正常生长发育，15～30℃时各虫态发育速率随温度升高明显加快，发育历期显著缩短，

15℃时卵和一龄若虫的发育历期是30℃时的3.2倍，是二龄若虫的2.4倍，是蛹期的2.5倍。西花蓟马耐低温能力也很强，在−5℃可存活2个月左右，5℃时及35℃以上不能完成世代发育。成虫和若虫的过冷点均很低，分别为−13～−22℃，北京海淀种群和门头沟种群世代发育起点温度为6.2℃和7.4℃，世代有效积温分别为208℃和219.7℃。

西花蓟马食性杂，目前已知寄主植物多达500余种，随着西花蓟马的不断扩散蔓延，其寄主种类一直在持续增加，在其分布区内，几乎所有观赏类花卉均有夹带西花蓟马的可能。对于不同种类的寄主植物，西花蓟马虽有喜好程度的差别，但均能生存且具有相当的繁殖能力。

西花蓟马远距离扩散主要靠种苗、花卉及其他农产品的调运，其中鲜切花的贸易是主要传播方式。该虫生存能力强，经过辗转运销到外埠后西花蓟马仍能存活。近距离扩散主要是随风飘散，随衣服、运输工具等携带传播。

西花蓟马天敌很多，包括捕食螨、捕食蝽、病原真菌和病原线虫等。其中捕食螨有黄瓜新小绥螨 *Neoseiulus cucumeris*（Oudemans）、巴氏新小绥螨 *Neoseiulus barkeri* Hughes，另外还有斯氏小盲绥螨 *Typhlodromips swirskii*（Athias-Henriot）（图2-12和图2-13），这3种捕食螨是田间释放应用最多的种类，并已经在我国商品化生产。栗真绥螨是我国北方的本地种，也可对西花蓟马有控制作用。捕食蝽类主要有盲蝽科和花蝽科，主要种类有猎盲蝽、矮小长脊盲蝽和小花蝽属的种类。其中最主要的种类是暗色小花蝽 *Orius tristicolor*（White）、东亚小花蝽 *Orius sauteri*（Poppius）（图2-14和图2-15）和南方小花蝽 *Orius strigicollis* Poppius。病原真菌主要有5种，其中蜡蚧轮枝菌 *Lecanicillium lecanii* 是主要种类，对黄瓜上西花蓟马控制作用可达60%以上。球孢白僵菌 *Beauveria bassiana* 在温室黄瓜上控制效果可达65%以上。金龟子绿僵菌 *Metarhizium anisopliae* 在室内接种7d后可使90%以上西花蓟马被感染。病原线虫主要有两类，一类为直接杀死蓟马的斯氏线虫属和异小杆线虫属，主要寄生于土壤中的蓟马蛹。另一类是感染后不直接杀死蓟马的尼氏蓟马线虫，被寄生后使蓟马若虫发育成不育的成虫而断绝后代。

图2-12　斯氏小盲绥螨

图2-13　斯氏小盲绥螨捕食蓟马

图2-14　东亚小花蝽成虫捕食蓟马

图2-15　东亚小花蝽若虫

2.2 棕榈蓟马 *Thrips palmi* Karny

棕榈蓟马属缨翅目Thysanoptera，蓟马科Thripidae，别名节瓜蓟马、瓜蓟马、棕黄蓟马。在我国主要分布于华南、华中各省（自治区），在华北、东北也有分布并造成危害。主要为害节瓜、冬瓜、苦瓜、西瓜和茄子，也为害豆科和十字花科蔬菜。

【形态特征】

成虫：雌虫体长1.0～1.1mm，雄虫0.8～0.9mm，黄色。触角7节，

第1、2节橙黄色，第3节及第4节基部黄色，第4节的端部及后面几节灰黑色。单眼间鬃位于单眼连线的外缘。前胸后缘有缘鬃6根，中央两根较长。后胸盾片网状纹中有一明显的钟形感觉器。前翅上脉鬃10根，其中端鬃3根，下脉鬃11根。第2腹节侧缘鬃各3根；第8腹节后缘栉毛完整（图2-16）。

卵：长椭圆形，淡黄色，产卵于幼嫩组织内。

若虫：初孵幼虫极微细，体白色，复眼红色。一、二龄若虫淡黄色，无单眼及翅芽，有一对红色复眼，爬行迅速（图2-17）。

预蛹：体淡黄白色，无单眼，长出翅芽，长度到达第3、4腹节，触角向前伸展（图2-18）。

蛹：体黄色，单眼3个，翅芽较长，伸达腹部3/5，触角沿身体向后伸展，不取食（图2-19）。

图2-16　成虫

图2-17　若虫

图2-18　预蛹

图2-19　蛹

【生活习性】

　　成虫和若虫锉吸瓜类、茄果类蔬菜的嫩梢、嫩叶、花和果的汁液，使被害叶片或组织老化变硬、畸形，嫩梢僵缩，植株生长缓慢。为害叶片时主要在叶片的背面（图2-20），茄子叶片受害后，首先在叶脉处显现症状，逐渐延伸至叶片，致使被害叶片皱缩，叶片背面形成失绿斑块，后呈棕黄色枯斑，叶脉变黑褐色（图2-21）；幼果受害后，果皮硬化，严重影响产量和质量（图2-22和图2-23）。

图2-20　西瓜叶片被害状

图2-21　茄子叶片被害状

图2-22　甜椒果实被害状

图2-23　茄子果实被害状

　　在广东1年发生20多代，在广西1年发生17～18代，世代重叠，终年繁殖。3～10月为害瓜类和茄子，冬季取食马铃薯、水茄等。在广西节瓜上4月中旬、5月中旬及6月中、下旬有3次为发生高峰期，以6月中、下旬最严重。在广东5月下旬至6月中旬、7月中旬至8月上旬和9月为发生高峰期，以秋季严重。棕榈蓟马的发育适温为15～32℃，2℃时仍能生存，在山东胶东地区保护地蔬菜可常年为害，露地蔬菜7～9月是为害盛期。

成虫活跃、善飞、怕光，有趋嫩绿的习性，多在节瓜嫩梢或幼瓜的毛丛中取食，少数在叶背为害。阴雨天、傍晚可在叶面活动。雌虫主要营孤雌生殖，偶有两性生殖。成虫寿命9～10月可长达53d，雌虫产卵期长达30d以上；在8～9月日平均温度为20～31℃时，产卵期为12～14d。卵散产于叶肉组织内，每头雌虫可产卵30～70粒。初孵幼虫群集叶片背面叶脉间为害，二龄若虫爬行迅速，扩散为害，三龄末期停止取食，落入表土"化蛹"。

2.3 烟蓟马 *Thrips tabaci* Lindeman

烟蓟马属缨翅目 Thysanoptera，蓟马科 Thripidae，又名棉蓟马、葱蓟马。国内外广泛分布，寄主植物包括蔬菜、果树、棉、烟等经济作物150多种。严重为害大葱、洋葱、香葱、大蒜等作物。

【形态特征】

成虫：雌成虫体长1.2～1.4mm，体色黄褐色至暗褐色。头宽大于长，单眼间鬃较短，位于前单眼之后、单眼三角连线外缘。触角7节（图2-24A），第3、4节上具叉状感觉锥。第1节淡；第2节和6～7节灰褐色；3～5节淡黄褐色，第3、4节具叉状感觉锥；前胸稍长于头，前胸背板具后缘鬃2～5对（图2-24B），与西花蓟马不同（图2-25）前翅淡黄色。前缘线暗褐色。前翅前脉鬃7根，端鬃4～6根；后脉鬃13～15根。中胸腹板内叉骨有刺，后胸腹板内叉骨无刺。腹部2～8背板中对鬃两侧有横纹，背板两侧和背侧板线纹上有许多微纤毛。第2背板两侧缘纵列3根鬃。第8背板后缘梳完整。

卵：体长0.29mm，初期肾形，乳白色，后期卵圆形，黄白色，可见红色眼点。

若虫：一、二龄体长为0.3～0.6mm、0.6～0.8mm。体黄白色。三龄（预蛹）体长0.9～1.2mm，淡黄白色，翅芽仅达腹部长度1/3，触角直立，近与头部垂直，能缓慢移动。

蛹：长1.0～1.2mm，翅芽长度超过腹部一半至接近腹部末端，触角紧贴身体背面。

图2-24　成虫
（A.触角　B.前胸背板上的缘鬃）

图2-25　西花蓟马（左）与
烟蓟马（右）成虫

【生活习性】

在我国年发生3～20代，自北向南逐渐增多，华北地区年发生3～4代，山东6～10代，华南20代左右。

烟蓟马喜温暖干旱气候条件，适宜温度为23～28℃，相对湿度40%～70%。当温度31℃，相对湿度达100%时，若虫会在1～2d全部死亡。世代历期9～23d，在25～28℃下，卵期5～7d，若虫期（一至二龄）6～7d，前蛹期2d，蛹期3～5d，成虫寿命8～10d。雌虫以孤雌生殖为主，每雌平均产卵约50粒，卵产于叶片组织中。二龄若虫后期，常转向地下，在表土中经历前蛹期及蛹期。

该虫以成虫越冬为主，也有若虫在葱、蒜叶鞘内侧、土块下、土缝内或枯枝落叶中越冬，还有少数以蛹在土中越冬。春季葱（图2-26）、蒜（图2-27）返青时开始恢复活动，为害一段时间后，迁往附近的其他蔬菜田繁殖为害。在华南无越冬现象。成虫极活跃，善飞，怕阳光，早、晚或阴天取食强。初孵若虫集中在叶基部为害，稍大即分散。暴风雨可降低发生数量。一年中以4～6月、10～11月为害最重。

成虫对蓝色敏感，有强烈趋性；对黄色也有较强趋性。成虫活跃，能飞善跳，扩散快，白天喜在隐蔽处为害，夜间或阴天在叶面上为害。卵多产在叶背表皮下或叶脉内。初孵若虫不太活动，多集中在叶背的叶脉两侧为害。

烟蓟马捕食性天敌与西花蓟马相同，主要有捕食螨、捕食蝽、瓢虫、蜘蛛等。在药剂防治时应给予充分考虑，选择对天敌安全的种类。

图2-26　大葱叶片被害状

图2-27　大蒜叶片被害状

2.4 区别特征

由于蓟马个体较小，种类的识别较为困难。西花蓟马成虫喜欢在花中聚集；棕榈蓟马主要为害茄子等茄果类和瓜类作物，在嫩尖和叶片上危害；烟蓟马主要为害葱、蒜等作物。蓟马的鉴定需要制作玻片，在显微镜下进行特征观察。

PK	西花蓟马	棕榈蓟马	烟蓟马
触角	8节，3～5节黄褐色，其余淡棕色，第3、4节有叉状感觉锥	7节，第1、2节橙黄色，第3、4节基部黄色，以后几节灰黑色	7节，第3、4节有叉状感觉锥，第1节色浅，第2节和6、7节灰褐色，3～5节淡黄褐色
单眼间鬃	发达，位于前、后单眼中心连线上	位于单眼连线外缘	较短，位于前单眼之后、单眼三角形连线外缘
前胸背板	前缘有4对长鬃，后缘5对长鬃	后缘有6根鬃，中央两根较长	稍长于头，具后缘鬃2～5对
前翅	上脉鬃18～21根，下脉鬃13～16根	前翅上脉鬃10根，下脉鬃11根	前脉鬃7根，端鬃4～6根，后脉鬃13～15根
腹部	雌虫第8节背板后缘有梳状毛12～15根（雄虫无），第9节有2对钟状感觉器，第3～7节腹板后缘有3对鬃	第2节侧缘鬃各3根，第8腹节后缘栉毛完整	第2～8节背板中对鬃两侧有横纹，第2背板侧缘纵列3根鬃，第8背板后缘疏完整

2.5 防治技术

（1）农业防治　①培育无虫苗是防控蓟马关键措施，在育苗前先处理育苗棚室，消灭虫源；育苗中加强监测，发现蓟马及时处理。②利用夏季高温进行闷棚处理，方法是将棚内所有残株、杂草连根拔除，晾晒在棚内，再将棚室密闭 7～10d，晴天天数不得少于 3d，然后用 $10g/m^2$ 硫黄粉进行熏蒸。

（2）物理防治　在蓟马发生期悬挂蓝板或黄板（25cm×30cm），每 $667m^2$ 悬挂 30 片，悬挂高度与植株生长点基本一致，但要根据作物品种适当调整，同时，在蓝板或黄板上涂抹聚集信息素，可有效提高诱集数量。

（3）生物防治　①小花蝽 *Orius* spp. 对蓟马具有较高的控制作用，可以通过保护自然种群或人工释放的方法防治蓟马，但小花蝽在秋季受光周期的影响进入滞育，防控效果降低。②按照生产商的推荐量释放巴氏新小绥螨和黄瓜新小绥螨，喷洒蜡蚧轮枝菌或球孢白僵菌，地面撒施异小杆线虫。

（4）化学防治　可以选用 6% 乙基多杀菌素悬浮剂 1 000～2 000 倍液整株喷雾。为减缓抗性产生，可与 25% 噻虫嗪水分散粒剂 1 000～1 500 倍液，5% 甲氨基阿维菌素苯甲酸盐乳油 1 000 倍液轮换使用。有机种植园区可选用 1.5% 除虫菊素水乳剂 200 倍液、99% 矿物油乳油 200 倍液，也可有效降低种群数量。注意施药时尽量选择早晚用药，重点喷施花、嫩梢、叶片背面及地面，喷药均匀、细致，间隔 7～10d，连续防治 2～3 次。

03 菜蝽和横纹菜蝽

3.1 菜蝽 *Eurydema dominulus*（Scopoli）

菜蝽属半翅目 Hemiptera，蝽科 Pentatomidae，又名河北菜蝽。该种与云南菜蝽经雄性生殖器解剖和分子鉴定比较确定二者属于同一种，形态上的差异乃地理隔离所致。在中国各省（自治区、直辖市）广泛分布，国外分布于欧洲、俄罗斯。寄主植物主要有十字花科的甘蓝、紫甘蓝、青花菜、花椰菜、白菜、萝卜、樱桃萝卜、白萝卜、油菜、芥菜、板蓝根和菊科植物等，其中以十字花科蔬菜受害最重。

【形态特征】

成虫：体长6 ~ 9mm，宽3.5 ~ 5.0mm，椭圆形，红色、橙黄或橙红色。头黑色（图3-1A），侧缘上卷，红色、橙黄或橙红色；触角5节，黑色。前胸背板有6块黑斑，前2块为横斑（图3-1B），后4块斜长（图3-1C）。小盾片基部中央有1个大三角形黑斑（图3-1D），近端部两侧各有1个小黑斑。翅革片红色、橙黄或橙红色，爪片及革片内侧黑色，中部有宽横黑带，近端角处有1个小黑斑。侧接缘红色、黄色或橙色与黑色相间（图3-1E）。

卵：高0.8 ~ 1.0mm，直径0.6 ~ 0.7mm，鼓形，初产时乳白色，渐变灰白色，后变黑色。顶端假卵盖周缘有一宽的灰白色环纹，侧面近两端处有黑色环带，基部黑色。

若虫：共5龄。一龄若虫体长1.2 ~ 1.5mm，宽1.0 ~ 1.2mm，近圆形，橙黄色。头、触角及胸部背面黑色，腹部第4 ~ 7节节间

图3-1 成虫
（A.头部　B.2块横斑　C.4块斜长的黑斑
D.小盾片上的大黑斑　E.侧接缘）

背面有3块黑色横斑，足黑色（图3-2）。二龄若虫体长2.0～2.2mm，宽1.5～1.8mm，体形椭圆，其他同一龄若虫。三龄若虫体长2.5～3.0mm，2.0～2.3mm。前胸背板两侧和中央各显现橙黄斑，翅芽及小盾片向上突起，腹部第8节背面有一黑斑。四龄若虫体长3.5～4.5mm，宽2.5～3.0mm，

图3-2 若虫

小盾片两侧各呈现卵形橙黄色区域，小盾片和翅芽伸长，腹部第4～6节背面黑斑上的臭腺孔显著。五龄若虫体长5～6mm，宽4.0～4.5mm，翅芽伸达腹部第4节，其他同四龄若虫。

【生活习性】

以成虫、若虫刺吸植物汁液，尤喜刺吸嫩芽、嫩茎、嫩叶、花蕾和幼荚。其唾液对植物组织有破坏作用，影响生长，被刺处留下黄白色至微黑色斑点，严重者可造成连片白斑（图3-3）。幼苗子叶期受害致使其萎蔫甚至枯死；花期受害则不能结荚或籽粒不饱满。此外，还可传播软腐病和黑腐病。

在北京地区，一年发生2代，少数1或3代，浙江及长江中下游地区年发生2～3代，以成虫在石块下、土缝、落叶枯草或保护地中越冬。在

图3-3 成虫、若虫为害甘蓝叶片

塑料大棚内翌年2下旬至3月上旬即可活动，露地3月下旬开始活动，4月下旬开始交尾产卵。越冬成虫寿命很长，可延续至8月中旬，产卵末期也可延至8月上旬，此时所产的卵，只能发育完成1代，以第1代成虫越冬。早期所产的卵至6月中下旬已发育为第1代成虫，经1个月左右再发育为第2代成虫。此代成虫大多数个体越冬，少数仍能产卵并孵化发育为第3代，但由于气候及营养不良，第3代成虫很少能安全越冬。全年以5～9月是主要为害期。

成虫喜光，趋嫩，多栖息在植株顶端嫩叶或顶尖上，成虫中午活跃，善飞，交尾多在早晨露水未干时集中在植株上部进行。成虫可多次交配，多次产卵。每头雌虫产卵量100～300粒；卵多在夜间产于叶背。卵粒排列成双行，一般每行6粒。

初孵若虫群集，随着龄期增大逐渐分散，高龄若虫适应性、耐饥力都较强，当十字花科植物衰老或缺少时，也转移为害菊科植物。

3.2 横纹菜蝽 *Eurydema gebleri* Kolenati

横纹菜蝽，属半翅目Hemiptera，蝽科Pentatomidae，又名横带菜蝽、盖氏菜蝽、乌鲁木齐菜蝽、河北菜蝽、云南菜蝽、花菜蝽。蔬菜害虫。在中国各省（市、区）广泛分布。寄主植物主要有十字花科的甘蓝、紫甘蓝、青花菜、花椰菜、白菜、萝卜、樱桃萝卜、白萝卜、油菜、芥菜、板蓝根、豆类及茄果类等。其中以十字花科蔬菜受害最重。国外分布于南欧、土耳其和前苏联。成虫和若虫刺吸作物的嫩芽、嫩茎、嫩叶、花蕾和幼荚。幼苗子叶受害可致植株萎蔫甚至枯死，花期受害不能结荚或籽粒干瘪导致落花落蕾，茎叶受害出现黄褐色斑点，果实受害形成塌陷僵果。还可传播软腐病和黑腐病。

【形态特征】

成虫：体长7～9mm，宽4～5mm，椭圆形，黄色至红色，具黑斑，体密布刻点。头蓝黑色（图3-4A），侧缘上卷，边缘黄白色至黄红色，复眼前方具1块黄白色至黄红色斑，复眼、触角、喙黑色，单眼红色。前胸背板上黑斑数量为6个，但有些个体愈合变为4个或2个，4个黑斑的个体前2个三角形（图3-4B），后2个横长（图3-4C）；中央具1个黄色隆起十字形纹。小盾片蓝黑色（图3-4D），上具Y形黄色纹，末端两侧各具1块黄斑。

图3-4 成虫
(A.头部 B.前胸背板上2个三角形黑斑
C.前胸背板上2个横长的黑斑 D.小盾片)

卵：高1mm，直径0.7mm，桶状，初产时白色，后渐变为灰白色，近孵化时灰黑色。

若虫：初孵化时橘红色，后变深，五龄若虫头、触角、胸部黑色，头部具三角形黄斑，胸背具3个橘红色斑。

【生活习性】

横纹菜蝽在北方一年发生2～3代，以成虫在设施菜地内、枯枝落叶下、树皮缝、石块下、土缝或枯草中越冬。翌年3月上旬开始取食并交尾产卵，5月上旬可见各龄若虫及成虫。成虫交尾后将卵产在叶背面，呈双行排列，大部分每块产12粒，初孵若虫群集在卵壳四周，一至三龄有假死性。成虫有喜光、趋嫩和假死习性，喜在植株顶端嫩叶或顶尖上栖息并在露水未干时交尾，中午活跃、善飞，受惊后缩足坠地或振翅飞离。初孵若虫群集，随着龄期增大逐渐分散，大龄若虫适应性和耐饥饿力强。

3.3 区别特征

菜　蝽	VS	横纹菜蝽
红色、橙黄或橙红色	体色	黄色至红色
橘红色，3块黑斑	前翅	黑色，1块黄白色斑
基部中央有1块大三角形黑斑	小盾片	蓝黑色，具Y形黄斑

3.4 防治技术

（1）农业防治　秋季铲除田间落叶杂草，消灭越冬虫源；在卵盛期及若虫盛期，摘除卵块和群居若虫。

（2）物理防治　使用防虫网可以有效隔离其对幼苗及成株的为害，也可以使用性诱剂诱捕器等诱杀防治。

（3）化学防治　可选用2.5%高效氯氟氰菊酯乳油2 000倍液、2.5%溴氰菊酯乳油2 000 ～ 3 000倍液、22%氟啶虫胺腈悬浮剂2 000 ～ 3 000倍液和4.5%高效氯氰菊酯乳油1 500倍液进行防治。

桃蚜、萝卜蚜和甘蓝蚜

4.1 桃蚜 *Myzus persicae*（Sulzer）

桃蚜属半翅目Hemiptera，蚜科Aphididae，又名烟蚜、桃赤蚜、菜蚜、腻虫。

分布于我国各个省、自治区、直辖市。寄主茄科、十字花科、豆科和蔷薇科等蔬菜。为桃、烟草、油菜、芝麻、十字花科蔬菜、中草药和温室植物的大害虫，常造成卷叶和减产。可传播马铃薯卷叶病毒和甜菜黄花病毒等上百种植物病毒。以成、若蚜密集在生长点及叶背面吸食汁液，使植株生长缓慢或叶片卷缩，其排泄物还可诱发煤污病。

【形态特征】

有翅胎生雌成蚜：体长1.8～2.5mm，宽0.8～1.1mm；头、胸部黑色（图4-1A），腹部淡暗绿色；腹部背面第1～2节有横行小横斑或窄横带，第3～6节有一背中大斑（图4-2A），第7～8节有横带，第2～4节各有1对缘斑（图4-1B），斑上有缘瘤，第7～8节各有小背中瘤，两侧有小斑；额瘤内倾（图4-2B）；触角第三节有9～11个排成一列的感觉圈；腹管色同腹部，甚长，中后部略膨大，末端有明显缢缩。

图4-1　有翅成蚜侧面观
（A.头部　B.缘斑）

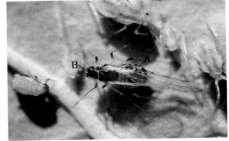

图4-2　有翅成蚜背面观
（A.背中大斑　B.额瘤）

无翅孤雌蚜：体长2.0～2.6mm，宽0.9～1.2mm，卵圆形。体有绿色（图4-3）、黄绿色、红色（图4-4）和乳白色，活体均呈透明状。头部色较深，额瘤显著，内缘内倾（图4-5A），中额微隆起，触角1.5～2.3mm，为体长的0.8倍，各节有瓦纹。喙深色，达中足基节，有次生刚毛2对。腹管长筒形，端部黑色，为尾片的2.3倍（图4-5B）。尾片黑褐色，圆锥形，近端部1/3收缩，有曲毛6～7根。干母低龄时体色为暗绿色，不透明。

图4-3　绿色无翅蚜

图4-4　红色无翅蚜

【生活习性】

华北地区露地年发生10余代。保护地可发生30～40代。桃蚜的寄主全世界已记录的有350余种，除为害十字花科蔬菜外，还为害菠菜，茄科的马铃薯、茄子、辣椒，黎科、蔷薇科植物。在中国北方一部分秋末发生性蚜，交尾产卵越冬；以受精卵在桃树枝条上越冬。

图4-5　无翅成蚜
（A.额瘤内缘　B.腹管）

春季有翅蚜从桃树迁飞到烟草和蔬菜等植物上，夏季发生2～3次有翅蚜，在烟草和蔬菜等植物间扩散。另一部分在风障植物、菜窖、温室植物上越冬；在南方无越冬现象，可周年繁殖为害，每年可以孤雌胎生20余代，多数世代无翅，每年发生有翅蚜4或5次。北方冬季在大棚内的十字花科和茄果类蔬菜上持续繁殖为害，无越冬现象。

桃蚜繁殖生育有两种不同的形式，一是孤雌胎生，二是有性卵生。孤雌胎生阶段可以在非越冬寄主和春季的越冬寄主植物（桃树）上孤雌胎生后代，其中包括有翅型和无翅型，有翅蚜的产生主要与营养条件的恶化密切相关，在寄主植物和所取食的叶片逐渐老化时若蚜与成蚜比例发生变化，当两者比例达到或低于2.17～2.91：1以下时4～6d后开始出现有翅若蚜。有性卵生阶段发生在越冬前，即10月露地十字花科蔬菜上的部分产生有翅产雌性母，在10月中、下旬陆续往越冬寄主上迁飞，在老叶背面取食，孤雌胎生出雌性蚜，雌性蚜无翅。同时在10月十字花科蔬菜上产生无翅的产雄性母，10月中下旬仍留在侨居寄主上取食，并孤雌胎生出有翅的雄性蚜，在10月下旬和11月上旬迁至越冬寄主，与性蚜交配后在树木的芽腋、小枝分叉处或枝梢皱纹伤疤处产卵越冬。翌年早春2月中旬至3月中旬树芽萌动时卵开始陆续孵化为干母，干母又开始孤雌胎生繁殖，之后在越冬寄主上繁殖5～7代，4月中旬至6月上旬陆续产生有翅蚜迁往侨居寄主繁殖危害；并在越冬之前的夏季和初秋季绝不再回迁到越冬寄主上。秋季可迁往多种果树越冬，但只有桃树上的卵能孵化。该虫无严格滞育现象，在温暖地区和保护地冬季仍可行孤雌胎生，为害深秋、冬季和春季的种植蔬菜，并成为春季露地蔬菜的主要虫源。北方冬季也有部分桃蚜以成、若蚜在冬季菠菜地和储藏大白菜上越冬，但随着耕作制度的改变，风障菠菜和储藏大白菜大幅度减少，该部分越冬虫源在某些地区还有存在，但已不是春季的主要虫源。

桃蚜有翅型和无翅型的发育起点温度分别为4.3℃和3.9℃，自出生至成蚜的有效积温分别为137℃和119.8℃，种群增长的温度范围为5～29℃。在16～24℃，种群增长最快。温度高于28℃则对其发育和增长不利。温度自9.9℃上升至25℃时，平均发育期由24.5d降至8d，每天平均产蚜量由1.1头增至3.3头，但寿命由69d减至21d。

桃蚜的捕食性天敌有赭翅臀花金龟（图4-6）、七星瓢虫 *Coccinella septempunctata* Linnaeus（图4-7）、异色瓢虫 *Harmonia axyridis*（Pallas）（图4-8）、龟纹瓢虫 *Propylea japonica*（Thunberg）（图4-9）、多异瓢虫 *Hippodamia varegata*（Goeze）（图4-10）、狭臀瓢虫 *Coccinella transversalis* Fabricius、六斑月瓢虫 *Menochilus sexmaculata*（Fabricius）、大灰优食蚜蝇 *Eupeodes corollae*（Fabricius）（图4-11）、黑带食蚜蝇 *Episyrphus balteatus*

（De Geer）（图4-12）、斜斑鼓额食蚜蝇 *Scaeva pyrastri*（Linnaeus）（图4-13）、细腹食蚜蝇 *Sphaerophoria sulphuripes*（Thomson）、巨斑边食蚜蝇 *Didea fasciata* Macquart（图4-14）、食蚜瘿蚊 *Aphidoletes aphidimyza*（Rondani）、大草蛉 *Chrysopa Palleas*（Rambur）、丽草蛉 *Chrysopa formosa* Brauer、日本通草蛉 *Chrysoperla nipponensis*（Okamoto）、东亚小花蝽 *Orius sauteri*（Poppius）、黑点齿爪盲蝽 *Deraeocoris punctulatus* Fallén（图4-15）、蜘蛛等。寄生性天敌有烟蚜茧蜂 *Aphidius gifuensis* Ashmead（图4-16和图4-17）、菜少脉蚜茧蜂 *Diaeretiella rapae*（M'intosh）、蚜小蜂 *Aphelinus* sp.（图4-18）等和寄生菌类的蚜霉菌 *Erynia aphidis*（图4-19）、蜡蚧轮枝菌 *Lecanicillium lecanii*（图4-20）等。

图4-6　赭翅臀花金龟

图4-7　七星瓢虫

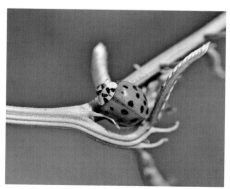

图4-8　异色瓢虫

图4-9　龟纹瓢虫

图4-10　多异瓢虫

图4-11　大灰优食蚜蝇

图4-12　黑带食蚜蝇

图4-13　斜斑鼓额食蚜蝇

图4-14　巨斑边食蚜蝇幼虫

图4-15　黑点食蚜盲蝽

图4-16　被烟蚜茧蜂寄生的僵蚜

图4-17　烟蚜茧蜂成虫

图4-18　被蚜小蜂寄生的桃蚜

图4-19　蚜霉菌侵染桃蚜

图4-20　蜡蚧轮枝菌侵染桃蚜

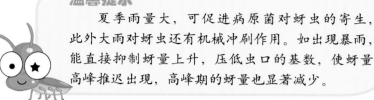

温馨提示

夏季雨量大，可促进病原菌对蚜虫的寄生，此外大雨对蚜虫还有机械冲刷作用。如出现暴雨，能直接抑制蚜量上升，压低虫口的基数，使蚜量高峰推迟出现，高峰期的蚜量也显著减少。

4.2 萝卜蚜 *Lipaphis erysimi*（Kaltenbach）

萝卜蚜属半翅目Hemiptera，蚜科Aphididae，又名菜蚜、菜缢管蚜。

在我国分布于北京、河北、辽宁、内蒙古、山东、河南、宁夏、甘肃、上海、江苏、浙江、湖南、四川、福建、广东、广西、云南、台湾等省份。常与桃蚜混合发生。主要为害乌塌菜、菜薹、白菜、萝卜、芥菜、甘蓝、花椰菜、芜菁等十字花科蔬菜，偏嗜白菜及芥菜。成虫、若虫常聚集在蔬菜叶背或留种株的嫩梢嫩叶上为害，受害幼叶向下畸形卷缩，使植株矮小。留种菜受害不能正常抽薹、开花和结籽。同时传播病毒病。

【形态特征】

有翅成蚜：卵形，体长1.6～2.4mm，宽0.9～1.2mm。头、胸部黑色，腹部黄绿色至绿色，腹部第1、2节背面及腹管后有2条淡黑色横带（图4-21），腹管前各节两侧有黑斑，身体上常被有稀少的白色蜡粉。触角第3节有感觉圈21～29个，排列不规则；第4节有7～14个，排成1行；第5节有0～4个。额瘤不显著。翅透明，翅脉黑褐色。腹管暗绿色，较短，中后部膨大，顶端收缩，约与触角第5节等长，为尾片的1.7倍，尾片圆锥形，灰黑色（图4-22），两侧各有长毛4～6根。

无翅成蚜：体长1.8～2.4mm，宽1.0～1.3mm，体黄绿至黑绿色，被薄粉。头部稍有骨化，中额明显隆起，额瘤微隆外倾。触角粗糙，较体短，约为体长的2/3，第3、4节无感觉圈，第5、6节各有1个感觉圈（图4-23和图4-24）。喙达中足基节。腹管长筒形，顶端收缩（图4-23C），长为尾片的1.7倍。尾片有毛4～6根（图4-23D），尾板有毛12～14根。活时胸部及腹部背面两侧各节各有一条长方形的浅褐色斑（图4-23A），各节两侧近侧缘处各有一近圆形斑（图4-23B）。

图 4-21　有翅成蚜
（A.头部、胸部　B.腹部　C.背面淡黑色横带
D.腹管后淡黑色横带）

图 4-22　有翅成蚜
（A.腹管　B.尾片）

图 4-23　无翅成蚜
（A.长方形浅褐色斑　B.侧缘处圆斑
C.腹管　D.尾片）

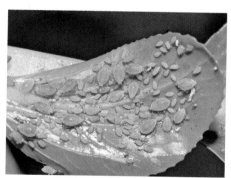

图 4-24　无翅蚜聚集叶背为害

【生活习性】

年发生 10 ～ 30 代，从北至南逐渐增多。在温暖地区或温室中，终年以无翅胎生雌蚜繁殖，无越冬现象。长江以北地区，在蔬菜上产卵越冬，在江淮流域以南十字花科蔬菜上常混合发生，秋季 9 ～ 10 月是一年中的为害高峰期。全年以孤雌胎生方式繁殖，无越冬现象。但在北方的冬季，大多数萝卜蚜产生无翅的雌、雄蚜，交尾后在菜叶反面产卵越冬，少部分以成、若蚜在菜窖内越冬或在温室中继续繁殖，在夏季无十字花科蔬菜的情况下，则寄生在十字花科杂草蒴菜上。全年以秋季在白菜、萝卜上的发生最为严重。

萝卜蚜的有翅型和无翅型繁殖能力不同。无翅型蚜虫产仔数较有翅型蚜虫多。但从春菜到秋菜、秋菜到冬菜、田块到田块的迁飞扩散主要靠有翅型蚜虫。在迁飞扩散过程中，蚜虫能传播多种蔬菜病毒病，所传播的病毒多数为非持久性病毒，这类病毒在植株内分布较浅，蚜虫只需短时间的试探取食就可获毒、传毒，速度很快。

有翅蚜对黄色有正趋性，对银灰色则有负趋性。具趋嫩的习性，常聚集在十字花科蔬菜的心叶及花序上为害。

萝卜蚜有翅型和无翅型的发育起点温度分别为6.4℃和5.7℃，自出生至成蚜的有效积温分别为116℃和111.4℃，种群增长的温度范围为10～31℃，适宜繁殖的温度为14～25℃，相对湿度为75%～80%。当旬平均温度在30℃以上或6℃以下、相对湿度小于40%时，会引起蚜量迅速下降。在旬平均温度高于28℃和相对湿度大于80%的情况下，亦会引起蚜量的下降。据报道，在9.3℃时仔蚜至成蚜的发育期为17.5d，27.9℃时为4.7d。每头雌虫平均能产仔蚜60～100头，最多产143头。

萝卜蚜比桃蚜对温度的适应范围更广，但桃蚜比萝卜蚜更耐低温，萝卜蚜比桃蚜更耐高温。致使两种蚜虫在一年中不同季节发生的数量比例不同，夏秋季萝卜蚜的数量比例较高，春冬季桃蚜的数量比例较高。

萝卜蚜天敌种类很多，主要有捕食类的七星瓢虫 *Coccinella septempunctata* Linnaeus（图4-25）、食蚜蝇（图4-26）、食蚜瘿蚊 *Aphidoletes aphidimyza*（Rondani）（图4-27）、草蛉（图4-28）、黑点食蚜盲蝽 *Deraeocoris punctulatus* Fallén（图4-29）等。寄生性的主要有菜少脉蚜茧蜂 *Diaeretiella rapae*（M'intosh）、蚜小蜂 *Aphelinus* sp.（图4-30）等。

图4-25　七星瓢虫幼虫

图4-26　食蚜蝇幼虫

图4-27 食蚜瘿蚊捕食萝卜蚜

图4-28 草蛉幼虫

图4-29 黑点食蚜盲蝽

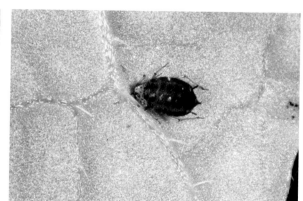

图4-30 被蚜小蜂寄生的萝卜蚜

4.3 甘蓝蚜 *Brevicoryne brassicae*（Linnaeus）

甘蓝蚜属半翅目Hemiptera，蚜科Aphididae。分布于我国北方地区的新疆、宁夏、甘肃、北京、河北、辽宁、吉林、黑龙江等省份。寄主植物达60多种，包括十字花科蔬菜、药材和野生杂草等。

【形态特征】

有翅胎生雌蚜：体长约2.2mm，头、胸部黑色，复眼赤褐色。腹部黄绿色，有数条不很明显的暗绿色横带，两侧各有5个黑点，全身覆有明显的白色蜡粉（图4-31A）。无额瘤，触角第3节有37～49个不规则排列的感觉孔，腹管很短，远比触角第五节短，中部稍膨大（图4-31B）。

无翅胎生雌蚜：体长约2.5mm，全身暗绿色，被有较厚的白蜡粉。复眼黑色，触角无感觉孔；无额瘤。腹管（图4-32）短于尾片，尾片近似等边三角形（图4-33），两侧各有2～3根长毛。

图4-31　有翅成蚜
（A.白色蜡粉　B.腹管）

图4-32　无翅成蚜腹管

【生活习性】

越冬卵一般在翌年4月开始孵化，先在留种株上繁殖为害，5月中、下旬迁移到春菜上为害，再扩大到夏菜和秋菜上，10月即开始产生性蚜，交尾产卵于留种或贮藏的菜株上越冬，少数成蚜和若蚜亦可在菜窖中越冬。甘蓝蚜的发育起点温度为4.5℃，从出生至羽化为成蚜所需有效积温无翅蚜为134.5℃，有翅蚜为148.6℃。生殖力在

图4-33　无翅成蚜尾片

15～20℃最高，一般每头无翅成蚜平均产仔40～60头。

甘蓝蚜为害叶片后的被害部位失绿，形成大小不等的白斑，并造成卷叶（图4-34）进入夹层中取食为害，其分泌物落在夹层内，可使内层叶片出现枯斑（图4-35），严重者可造成整株无商品价值。

图4-34 甘蓝叶片被害状

图4-35 甘蓝叶球被害状

　　甘蓝蚜的天敌很多，捕食性天敌与桃蚜和萝卜蚜相同，寄生性天敌有部分相同。

4.4 区别特征

　　在田间的主要区别特征是桃蚜的成、若蚜身体光亮、透明；萝卜蚜成、若蚜身体发污，不透明，有斑纹；甘蓝蚜成、若蚜胴体密被厚白蜡粉。后二者仅寄生于十字花科作物；桃蚜还可为害其他多科蔬菜及果树。三者的无翅成蚜形态区别见下表：

PK	桃蚜	萝卜蚜	甘蓝蚜
体色	绿色、黄绿色、黄色、粉色、粉红色、乳白色，呈透明状	黄绿色至黑绿色，被薄粉，体背有两排纵向绿色斑	暗绿色，全身被厚白蜡粉

（续）

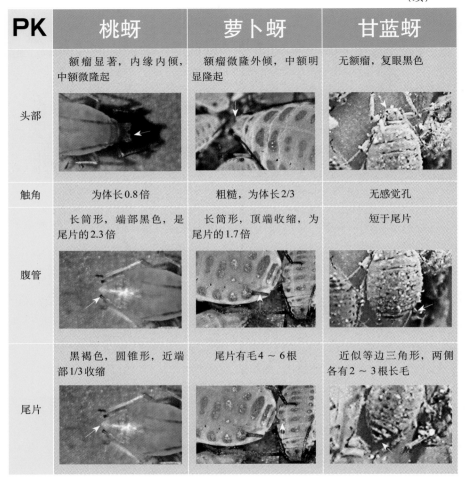

PK	桃蚜	萝卜蚜	甘蓝蚜
头部	额瘤显著，内缘内倾，中额微隆起	额瘤微隆外倾，中额明显隆起	无额瘤，复眼黑色
触角	为体长0.8倍	粗糙，为体长2/3	无感觉孔
腹管	长筒形，端部黑色，是尾片的2.3倍	长筒形，顶端收缩，为尾片的1.7倍	短于尾片
尾片	黑褐色，圆锥形，近端部1/3收缩	尾片有毛4～6根	近似等边三角形，两侧各有2～3根长毛

4.5 防治技术

（1）农业防治　①在病毒病多发区，选用抗虫、抗病毒的高产、优质品种，在网室内育苗，防止蚜虫为害菜苗、传播病毒病。②蔬菜收获后，及时处理残株落叶；保护地在种植前清园杀灭虫源。③棚室种植设置防虫网隔离，防止蚜虫迁入繁殖为害。④在露地菜田套播玉米，以玉米作屏障阻挡有翅蚜迁入繁殖为害，减轻和推迟病毒病的发生。⑤夏季换茬时高温闷棚。

（2）物理防治　根据蚜虫对银灰色的负趋性和黄色的正趋性，采用覆盖银灰色塑料薄膜，以避蚜防病，采用黄板诱杀有翅蚜。

（3）生物防治　菜田有多种天敌对蚜虫有显著的抑制作用，在喷药时要选用对天敌杀伤力较小的农药，使田间天敌数量保持在占总蚜量的1%以上。保护地在蚜虫发生初期释放烟蚜茧蜂，控制效果明显。

（4）化学防治　防治蔬菜上的蚜虫应掌握好防治适期和防治指标，及时喷药压低基数，控制为害。如果考虑到防病毒病，则必须将蚜虫消灭在毒源植物上，有翅蚜迁飞之前。在叶菜类上喷药防治，必须选择高效、低毒、低残留的品种，严格遵守农药使用的安全间隔期。

桃蚜较甘蓝蚜、萝卜蚜对药剂抗性高，可用10%吡虫啉可湿性粉剂2 000倍液、3%啶虫脒乳油2 000倍液、2%甲氨基阿维菌素苯甲酸盐乳油2 000倍液、1.8%阿维菌素乳油2 000倍液、25%吡蚜酮水分散粒剂1 500～2 000倍液进行喷雾防治。对于抗性桃蚜推荐用22%氟啶虫胺腈悬浮剂3 000倍液、10%溴氰虫酰胺悬浮剂2 000倍液喷雾防治。甘蓝蚜、萝卜蚜抗性较低，对多种药剂都十分敏感，除了上述药剂以外，菊酯类药剂防效也非常突出，如4.5%高效氯氰菊酯乳油2 000～3 000倍液、2.5%高效氯氟氰菊酯乳油2 000～3 000倍液。

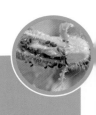

05 瓜蚜和豆蚜

5.1 瓜蚜 *Aphis gossypii* Glover

　　瓜蚜属半翅目Hemiptera，蚜科Aphididae，又名棉蚜，俗称腻虫。世界性分布，在我国分布于各个省、市、自治区。主要寄主有石榴、花椒、木槿、鼠李属、棉花。在蔬菜上主要为害西瓜、甜瓜、黄瓜（图5-1和图5-2）、南瓜、西葫芦等，在辣椒（图5-3）、茄子、洋葱、芦笋上也有发生。

图5-1　黄瓜果实被害状

图5-2　黄瓜花蕾被害状

【形态特征】

　　有翅胎生雌蚜：体长1.2～1.9mm，菱形，浅绿色至深绿色，前胸背板及胸部黑色（图5-4A）。触角略短于体长，第3节上有5～8个感觉圈，第5节有1个。第6节鞭状部长度为基部两节长度的3倍。腹部黄绿色（图5-4B），背面两侧伴有3～4对黑斑（图5-4C）。

图5-3　辣椒花被害状

翅透明，中脉3分叉，翅痣灰黄色或青黄色。腹管黑色，圆筒形（图5-4D）。尾片乳头状，黑色，有毛4～7根，一般为5根。

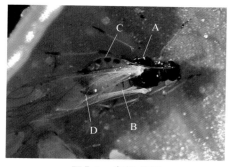

图5-4　有翅成蚜
（A.前胸背板及胸部　B.腹部
C.背面两侧黑斑　D.腹管）

无翅成蚜：卵圆形，体长不到2mm，身体有黄、青、深绿、暗绿（图5-5）等色。触角6节，触角约为身体长的3/4，触角第3节无感觉圈，第5节有1个，第6节膨大部有3～4个，第6节鞭状部的长度约等于基部两节长的4倍。复眼暗红色。前胸第一和腹部第七腹节有较小的边缘结节，前胸背板两侧各有1个锥形小乳突。腹管（图5-6A）为体长的1/5，黑青色，圆筒形，基部略宽。尾片（图5-6B）青色或黑色，有毛。

图5-5　多种色型无翅蚜聚集为害

图5-6　深绿色无翅蚜
（A.腹管　B.尾片）

【生活习性】

受精卵春季孵化后，全为孤雌蚜，营孤雌胎生，第1、2代无翅。第3代为有翅型，迁往棉和瓜类上孤雌胎生20多代，大多为无翅型，每隔约1个月发生1次有翅型田间扩散为害，并可携带传播黄瓜花叶病和大豆花叶病等30多种植物病毒。

瓜蚜有苗蚜和伏蚜（图5-7）两个阶段。苗蚜发生在出苗到现蕾以前，

图5-7　伏蚜

图5-8　食蚜瘿蚊捕食瓜蚜

适宜偏低的温度，13～15℃发育较慢，18℃以上时发育速度加快，至25℃时达到最快，当气温超过27℃时繁殖受到抑制，虫口迅速下降。伏蚜主要发生在7月中下旬到8月，适宜偏高的温度，在27～28℃下大量繁殖，当平均气温高于30℃时，虫口才迅速减退。大雨对蚜虫虫口有明显的抑制作用。

瓜蚜发育适宜湿度为40%～60%，田间湿度超过75%以上不利于繁殖。

有翅蚜有趋黄色的习性，可用黄皿装清水或黄板涂凡士林诱集有翅蚜进行预测预报。

瓜蚜的天敌有瓢虫、草蛉、小花蝽、姬猎蝽、食蚜蝇、食蚜瘿蚊 *Aphidoletes aphidimyza* (Rondani)（图5-8）、蜘蛛、蚜茧蜂、蚜小蜂 *Aphelinus* sp.、蚜霉菌 *Erynia aphidis* 等。当天敌总数与瓜蚜数的比例是1︰40时，可以控制瓜蚜。

5.2 豆蚜 *Aphis craccivora* Koch

豆蚜属半翅目 Hemiptera，蚜科 Aphididae，又名苜蓿蚜、花生蚜。在我国除西藏未见报道外，其余各省区均有分布。寄主植物主要有蚕豆、豇豆、菜豆、紫苜蓿、刺槐等豆科植物。

【形态特征】

无翅胎生雌蚜：体长2.0～2.4mm，体肥胖，有黑色和浓紫色，少数墨绿色（图5-9），具光泽，体被均匀蜡粉。中额瘤和额瘤稍隆。触角6节，比体短，第1、2节和第5节末端及第6节黑色（图5-9A），余黄白色。

腹部第1～6节背面有一大型灰色隆板，腹管黑色（图5-9B），长圆形，有瓦纹。尾片黑色（图5-9C），圆锥形，具微刺组成的瓦纹，两侧各具长毛3根。

有翅胎生雌蚜：体长1.5～1.8mm，体黑绿色或黑褐色，具光泽。触角6节，第1、第2节黑褐色，第3～6节黄白色，节间褐色，第3节有感觉圈4～7个，排列成行。其他特征与无翅孤雌蚜相似。若蚜，分4龄，呈灰紫色至黑褐色（图5-10）。

图5-9　无翅成蚜
（A.触角　B.腹管　C.尾片）

图5-10　有翅成蚜

【生活习性】

豆蚜在长江流域年发生20代以上，冬季以成、若蚜在蚕豆、冬豌豆或紫云英等豆科植物心叶或叶背处越冬。月平均温度8～10℃时，豆蚜在越冬寄主上开始繁殖。4月下旬至5月上旬，成、若蚜群集于蚕豆嫩梢、花序、叶柄、荚果等处繁殖为害；5月中、下旬以后，随着植株的衰老，产生有翅蚜迁向夏、秋刀豆、豇豆、扁豆、花生等豆科植物上繁殖；10月下旬至11月，随着气温下降和寄主植物的衰老，又产生有翅蚜迁向紫云英、蚕豆等冬寄主上繁殖并在其上越冬。

豆蚜常群集于嫩茎、幼芽、顶端嫩叶、心叶、花器及荚（图5-11和图5-12）处吸取汁液。受害严重时，植株生长不良，叶片卷缩，影响开花结实。又因该虫大量分泌"蜜露"，而引起煤污病，使叶片表面铺满一层黑色霉菌，影响光合作用，结荚减少，千粒重下降。

 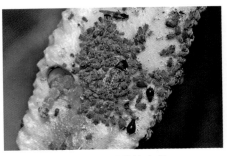

图5-11　豆蚜聚集为害豇豆　　　　图5-12　豆荚被害状

豆蚜对黄色有较强的趋性，具较强的迁飞和扩散能力，在适宜的环境条件下，每头雌蚜寿命可长达10d以上，平均胎生若蚜100头以上。全年有2个发生高峰期，春季5～6月、秋季10～11月。

适宜豆蚜生长、发育、繁殖温度范围为8～35℃；最适环境温度为22～26℃，相对湿度60%～70%。在12～18℃下若虫历期10～14d；在22～26℃下，若虫历期4～6d。

豆蚜的天敌除了捕食性与上述蚜虫的几种相同外，寄生性天敌主要有豆柄瘤蚜茧蜂 *Lysiphlebus fabarum*（Marshall）。

5.3 区别特征

瓜蚜和豆蚜的田间直观识别主要依据寄主作物，瓜蚜只寄生瓜类和茄果类作物，豆蚜只寄生豆科作物。瓜蚜和豆蚜无翅成蚜形态区别见下表：

瓜　蚜	VS	豆　蚜
为体长的3/4，第5节有感觉圈1个，第6节膨大部分有3～4个	触角	比体短，第1、2、6节和第5节末端黑色，其余黄色
圆筒形，黑青色，为体长1/5，基部略宽	腹管	黑色，长筒形，有网纹
青色或黑色，有毛	尾片	黑色，圆锥形，两侧各具3根长毛

5.4 防治技术

（1）农业防治　①在病毒病多发区，选用抗虫、抗病毒的高产、优质品种，在网室内育苗，防止蚜虫为害菜苗、传播病毒病。②蔬菜收获后，及时处理残株落叶。③保护地在种植前清园杀灭虫源。④种植后设置防虫网隔离，防止蚜虫迁入繁殖为害。

（2）物理防治　根据蚜虫对银灰色的负趋性和黄色的趋性，采用覆盖银灰色塑料薄膜，以避蚜防病，采用黄板诱杀有翅蚜。夏季换茬时高温闷棚。

（3）生物防治　菜田有多种天敌对蚜虫有显著的抑制作用，在喷药时要选用对天敌杀伤力较小的农药，保护自然天敌。

（4）化学防治　同桃蚜。

06 温室白粉虱和烟粉虱

6.1 温室白粉虱 *Trialeurodes vaporariorum*（Westwood）

温室白粉虱属半翅目 Hemiptera，粉虱科 Aleyrodidae，又名小白蛾子、白粉虱。

温室白粉虱起源于南美的巴西和墨西哥一带，后传入美国和加拿大，再传播到欧洲，20世纪60年代传入亚洲西部，70年代在我国和日本发生为害，后逐渐扩散至世界范围和我国的各省份。寄主植物包括蔬菜、花卉、杂草、树木等800多种植物，主要为害番茄（图6-1）、茄子、黄瓜、菜豆、辣椒、秋子梨、马缨丹、木模属、蝶瓣天竺葵、一串红、非洲菊、一品红等。

图6-1 温室白粉虱为害造成的番茄煤污病

【形态特征】

成虫：体长 1 ～ 1.5mm，淡黄色。翅面覆盖白蜡粉，停息时双翅合成屋脊状（图6-2和图6-3），较烟粉虱平展，翅端半圆状遮住整个腹部，翅脉简单，沿翅外缘有一排小颗粒。

图6-2　成虫正面观　　　　　　　图6-3　成虫侧面观

卵：长约0.2mm，侧面观长椭圆形，基部有卵柄，柄长0.02mm，从叶背的气孔插入植物组织中。初产淡绿色，覆有蜡粉，而后渐变黑褐色，孵化前呈紫黑色（图6-4和图6-5）。

图6-4　初产卵淡绿色　　　　　　图6-5　卵孵化前呈紫黑色

若虫：一龄若虫体长约0.29mm，长椭圆形，二龄约0.37mm，三龄约0.51mm，淡绿色或黄绿色，足和触角退化，紧贴在叶片上营固着生活。

四龄若虫：体长0.7～0.8mm，椭圆形，初期体扁平，逐渐加厚呈蛋糕状，中央略高，黄褐色，体背有长短不齐的蜡丝，体侧有刺，又称伪蛹。

【生活习性】

在中国北方，温室一年可发生10余代，冬季在室外不能存活，以各虫态在温室繁殖为害越冬。

成虫有趋黄性、趋嫩性，总是随着植株的生长不断追逐顶部嫩叶产卵，因此白粉虱各虫态在作物上自上而下的分布为，成虫和卵、初龄若虫、老龄若虫、伪蛹、新羽化的成虫。成虫羽化后1～3d可交尾产卵，平均每雌产卵120～130粒。卵以卵柄从气孔插入叶片组织中，与寄主植物保持水分平衡，极不易脱落。若虫孵化后在叶背短距离游走，当口器插入叶组织后开始营固着生活。

生殖方式主要以两性生殖为主，产生后代为雌雄两性；也可营孤雌生殖，其后代为雄性。

温室白粉虱发育繁殖的适温为18～28℃，发育历期在18℃时为31.5d，24℃时24.7d，27℃时22.8d。各虫态发育历期，在24℃时，卵期7d，一龄5d，二龄2d，三龄3d，伪蛹8d。

在节能型日光温室和加温设施内，冬季也可以发育和繁殖。在温室内大约1个月就可以发生1个世代。若虫、伪蛹及成虫均刺吸植物汁液，排泄大量蜜露，严重时可造成整株叶片和果实表面发黑，形成煤污病，影响光合作用。

冬季温室作物上的温室白粉虱，是露地春季蔬菜上的虫源，通过温室开窗通风或菜苗向露地扩散进入露地，还可随花卉、苗木运输远距离传播。

露地温室白粉虱的种群数量，由春至秋持续发展，夏季的高温多雨抑制作用不明显，到秋季数量达高峰，集中为害瓜类、豆类和茄果类蔬菜。在北方由于温室和露地蔬菜生产紧密衔接和相互交替，可使其周年发生。

温室白粉虱的天敌有捕食性的烟盲蝽 *Cyrtopeltis tenuis* Reuter（图6-6）、食蚜瘿蚊 *Aphidoletes aphidimyza*（Rondani）（图6-7）、小花蝽、白翅大眼长蝽 *Geocoris pallidipennis* Costa（图6-8）等，寄生性天敌有丽蚜小蜂 *Encarsia formosa* Gahan（图6-9和图6-10）、浅黄恩蚜小蜂 *Encarsia sophia*（Girault & Dodd）（图6-11）及桨角蚜小蜂 *Eretmocerus* sp.（图6-12），虫生菌有蜡蚧轮枝菌 *Lecanicillium lecanii* 等。

图6-6　烟盲蝽

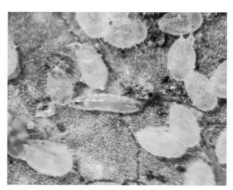

图6-7　食蚜瘿蚊捕食温室白粉虱若虫

图6-8　白翅大眼长蝽

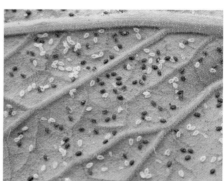

图6-9　被丽蚜小蜂寄生后的伪蛹（1）

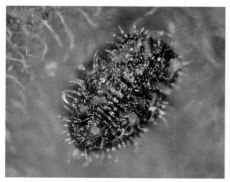

图6-10　被丽蚜小蜂寄生的伪蛹（2）

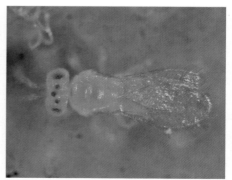

图6-11　浅黄恩蚜小蜂成虫

图6-12　桨角蚜小蜂

6.2 烟粉虱 *Bemisia tabaci*（Gennadius）

　　烟粉虱属半翅目Hemiptera，粉虱科Aleyrodidae，是一种世界性分布的害虫。寄主植物种类多达600多种。

　　烟粉虱是世界上危害最重的入侵物种之一，伴随观赏性植物和其他植物的运输，该害虫在20世纪90年代初期入侵到澳大利亚，90年代中期入侵到中国。它通过取食植物汁液和传播病毒为害多种农作物（图6-13）。在入侵过程中对中国以及其他多个国家和地区的许多农作物造成毁灭性灾害。

图6-13　烟粉虱传毒引发番茄病毒病

在我国烟粉虱可以为害的蔬菜包括甘蓝、球茎甘蓝、羽衣甘蓝、芥蓝、花椰菜、青花菜、普通白菜、菜薹、大白菜、榨菜、萝卜、胡萝卜、豆瓣菜、番茄、茄子、甜椒、辣椒、马铃薯、黄瓜、南瓜、苦瓜、西葫芦、甜瓜、蛇瓜、丝瓜、冬瓜、菜瓜、节瓜、越瓜、豇豆、扁豆、赤豆、菜豆、豌豆、菜用大豆、莴笋、油麦菜、结球生菜、芹菜、芫荽、菠菜、菊苣、茼蒿、苦苣菜、荠菜、薄荷、香椿、苋菜、芋头、蕹菜等。

【形态特征】

成虫：雌虫体长（0.91±0.04）mm，翅展（2.13±0.06）mm；雄虫体长（0.85±0.05）mm，翅展（1.81±0.06）mm。虫体淡黄白色到白色，复眼红色，肾形，单眼2个，触角发达7节。翅白色无斑点，被有蜡粉。前翅有两条翅脉，第一条脉不分叉，停息时左右翅合拢呈屋脊状，两翅之间的屋脊处有明显缝隙，两翅之间的角度比温室白粉虱竖立（图6-14），足3对，跗节2节，爪2个。

卵：椭圆形，有小柄，与叶面垂直，卵柄通过产卵器插入叶内，卵初产时淡黄绿色，孵化前颜色加深，呈琥珀色至深褐色，但不变黑。卵散产，在叶背分布不规则（图6-15）。

图6-14　成虫

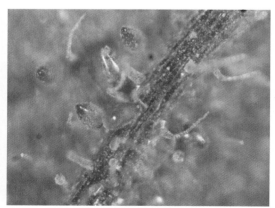

图6-15　卵

若虫：一至三龄若虫椭圆形。一龄体长约0.27mm，宽0.14mm，有触角和足，初孵若虫能爬行，有体毛16对，腹末端有1对明显的刚毛，腹部平、背部微隆起，淡绿色至黄色可透见2个黄点（图6-16）。二、三龄体长分别为0.36mm和0.50mm，足和触角退化或仅1节，体缘分泌蜡质，固着为害（图6-17和图6-18）。

伪蛹：四龄若虫，又称伪蛹，淡绿色或黄色，长0.6～0.9mm；蛹壳边缘扁薄或自然下陷无周缘蜡丝；胸气门和尾气门外常有蜡缘饰，在胸气门处呈左右对称；蛹背蜡丝的有无常随寄主而异（图6-19）。

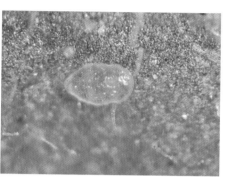
图6-16　一龄若虫

图6-17　二龄若虫

图6-18　三龄若虫

图6-19　四龄若虫（伪蛹）

【生活习性】

年发生的世代数自北向南依次增加，在热带和亚热带地区每年发生11～15代，在温带地区露地每年可发生4～6代，在保护地可周年繁殖为害。

据报道烟粉虱有24个不同隐种，其形态特征极为相似，很难区别。

但为害严重的主要MED隐种（Q型）和MEAM1隐种（B型）。烟粉虱MED隐种抗药性强，MEAM1隐种为害黄皮西葫芦，其叶片可形成典型的银叶病症（图6-20），正常颜色为黄色的果实可变成黄绿相间的花西葫芦（图6-21）。

图6-20　西葫芦银叶病症　　　　　　图6-21　黄西葫芦果实被害状

烟粉虱的生活周期有卵、若虫、伪蛹和成虫4个虫态，在25℃下，从卵发育到成虫需要18～30d，其历期取决于取食的植物种类。烟粉虱的最佳发育温度为26～28℃。烟粉虱成虫羽化后嗜好在中上部成熟叶片上产卵，而在原为害叶上产卵很少。卵不规则散产，多产在背面。在适合的植物上平均产卵200粒以上。产卵能力与温度、寄主植物、地理种群密切相关。

烟粉虱对不同的植物表现出不同的为害症状，叶菜类如甘蓝、花椰菜受害叶片萎缩、黄化、枯萎；根菜类如萝卜受害表现为颜色白化、无味、重量减轻；果菜类如番茄受害，果实不均匀成熟。

烟粉虱的天敌资源十分丰富。在我国常见的寄生性天敌约19种，主要有丽蚜小蜂 *Encarsia formosa* Gahan（图6-22）、桨角蚜小蜂 *Eretmocerus* sp.、浅黄恩蚜小蜂 *Encarsia sophia*（Girault &Dodd）；捕食性天敌约18种，主要有烟盲蝽 *Cyrtopeltis tenuis* Reuter（图6-23）、东亚小花蝽 *Orius sauteri*（Poppius）（图6-24）、白翅大眼长蝽 *Geocoris pallidipennis* Costa（图6-25）；虫生真菌约4种，主要有蜡蚧轮枝菌 *Lecanicillium lecani*（图6-26）。对烟粉虱种群的增长起着明显的控制作用。

图6-22　被丽蚜小蜂寄生的伪蛹

图6-23　烟盲蝽

图6-24　东亚小花蝽若虫

图6-25　白翅大眼长蝽

图6-26　蜡蚧轮枝菌
　　　　侵染烟粉虱

6.3 区别特征

在蔬菜生产上，烟粉虱和温室白粉虱常常混合发生，两者区别特征表现在以下几点：

温室白粉虱	VS	烟粉虱
寄主植物200多种植物	寄主范围	寄主植物600多种
只能传播几种病毒	危害能力	能传播70多种病毒，引起多种植物病毒病，造成植株矮化、黄化、褪绿斑驳及卷叶。并且分泌大量蜜露，污染叶片，诱发煤污病。西葫芦、南瓜等蔬菜银叶病也是烟粉虱为害所致，所以又称它为银叶粉虱
可忍耐33～35℃高温	适应能力	可忍耐40℃高温，这是烟粉虱在夏季依然猖獗的主要原因
成虫个体较大，停息时双翅较平展，前翅两翅间缝隙不贯通	外部形态	成虫个体较小，停息时双翅呈屋脊状，背面观前翅两翅间缝隙贯通

温馨提示

在蔬菜上最典型的寄主区别在于烟粉虱可为害十字花科蔬菜，温室白粉虱绝不为害十字花科蔬菜。

6.4 防治技术

（1）农业防治　①在秋冬季节的日光温室种植非寄主植物，如百合科等耐寒作物。②种植避虫番茄品种，如佳粉17、茸粉1号、茸粉2号、毛粉802等多茸毛品种。

（2）物理防治　①在育苗前对育苗棚室做消灭虫源的处理，并设置安装防虫网。播种时对基质进行消毒，播后和出苗生长期悬挂黄板密切监视成虫的出现并及时处理。②定植前对生产棚室加盖防虫网，并补漏棚膜进行高温闷棚处理上茬残株及棚室内虫源，定植后及时悬挂黄板监测成虫出现。

（3）生物防治　发现温室白粉虱成虫开始出现时，释放天敌丽蚜小蜂，结合黄板诱杀，方法是每667m²每次释放丽蚜小蜂1 000～2 000头，每隔7～10d释放一次，连续释放5～7次。

（4）化学防治　可采用灌根法、喷雾法和熏烟法。具体方法分别为25%噻虫嗪悬浮剂3 000倍液或10%吡虫啉可湿性粉剂1 000倍液灌根。22%氟啶虫胺腈悬浮剂1 500倍液、22.4%螺虫乙酯悬浮剂2 000倍液、10%氟啶虫酰胺悬浮剂3 000倍液、1.8%阿维菌素乳油3 000倍液整株喷雾。22%敌敌畏烟剂每667m² 400～500g、20%异丙威烟剂每667m² 250g密闭棚室熏烟。

07 马铃薯瓢虫和茄二十八星瓢虫

7.1 马铃薯瓢虫 *Henosepilachna vigintioctomaculata*（Motschulsky）

马铃薯瓢虫属鞘翅目 Coleoptera，瓢甲科 Coccinellidae，在我国分布于北京、河北、河南、山东、山西、陕西、甘肃、浙江、福建、台湾、广西、四川、云南、西藏。寄主植物有茄科的马铃薯、番茄、茄子、龙葵、枸杞，豆科的菜豆、豇豆，葫芦科的黄瓜、西葫芦、南瓜等。

【形态特征】

成虫：体长 7～8mm，半球形，赤褐色，体背密生短毛，并有白色反光。前胸背板中央有一个较大的剑状纹（图7-1A），两侧各有2个黑色小斑（图7-1B）。两鞘翅各有14个黑色斑，鞘翅基部3个黑斑后面的4个斑不在一条直线上（图7-1C）；两鞘翅合缝处有1～2对黑斑相连（图7-2）。

图 7-1　成虫侧面观
（A.剑状纹　B.前胸背板小黑斑　C.鞘翅黑斑）

图 7-2　成虫背面观

卵：子弹形，长约1.4mm，初产时鲜黄色，后变黄褐色，卵块中卵粒排列较松散（图7-3）。

幼虫：老熟后体长9mm，黄色，纺锤形，背面隆起（图7-4），体背各节有黑色枝刺（图7-5），枝刺基部有淡黑色环状纹图。

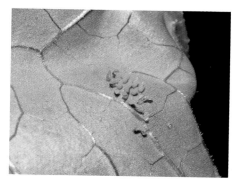

图 7-3 卵

图 7-4 幼虫

蛹：长约6mm，椭圆形，淡黄色，背面有稀疏细毛及黑色斑纹，尾端包着末龄幼虫的蜕皮。

【生活习性】

马铃薯瓢虫在东北、华北等地一年发生1～2代，江苏3代。以成虫群集在背风向阳的山洞、石缝、树洞、树皮缝、墙缝、篱笆下、土穴等缝隙中和山坡、丘陵坡地土内越冬。翌年5月中、下旬出

黑色枝刺

图 7-5 老熟幼虫

蛰，先在附近杂草上栖息，再逐渐迁移到马铃薯、茄子、豆类上繁殖为害。

成虫有假死性，早晚静伏，白天觅食、迁移、交尾、产卵，尤以上午10：00至下午4：00最为活跃，午前多在叶背取食，下午4：00后转向叶面取食，并可分泌黄色黏液。成虫卵多产在叶背，常20～30粒直立成块，越冬代每雌可产卵400粒左右，第一代每雌产卵240粒左右，卵期很长。第一代幼虫发生极不整齐。成、幼虫都有取食卵的习性。

幼虫共4龄，老熟幼虫在叶背或茎上化蛹。夏季高温时，成虫多藏在遮阴处，停止取食，生育力下降，且幼虫死亡率很高。一般在6月下旬至7月上旬、8月中旬分别是第一、二代幼虫的为害盛期，从9月中旬至10月上旬第二代成虫迁移越冬。高纬度东北地区越冬代成虫出蛰较晚，进入

图7-6　叶片被害状

越冬稍早。

马铃薯瓢虫主要为害茄科和豆科植物，是马铃薯、茄子、枸杞和架豆的重要害虫。成虫、幼虫在叶背剥食叶肉，仅留表皮，形成许多不规则半透明的细凹纹。也可将叶吃成孔状，仅存叶脉（图7-6）。受害严重时叶片干枯、变褐，全株死亡。果实被啃食处常常破裂、组织变僵、粗糙、有苦味，不能食用。

越冬成虫在日平均气温达16℃以上时开始活动，20℃进入活动盛期，活动初期不飞翔，在附近杂草上取食，5～6d后开始飞翔到周围马铃薯田间。

夏季高温是影响马铃薯瓢虫发生的最重要因素，28℃以上卵即使孵化也不能发育至成虫，所以马铃薯瓢虫是北方的种群，过热的南方很难生存。

马铃薯捕食性天敌有异色瓢虫*Harmoni axyridis* Pallas（图7-7）、蠋蝽*Arma chinensis*（Fallou）（图7-8）等，寄生性天敌有柄腹姬小蜂*Padiobius* sp.、跳小蜂等。

图7-7　异色瓢虫幼虫捕食马铃薯瓢虫卵

图7-8　蠋蝽

7.2 茄二十八星瓢虫 *Henosepilachna vigintioctopunctata*（Fabricius）

茄二十八星瓢虫属鞘翅目Coleoptera，瓢甲科Coccinellidae，又名酸浆瓢虫，二十八星瓢虫，分布于我国南方广大地区。寄主植物有茄子，马铃薯，番茄，豆科。

【形态特征】

成虫：半球形，红褐色，全体密生黄褐色细毛，每一鞘翅上有14个黑斑。前胸背板多具6个黑点，两鞘翅合缝处黑斑不相连，鞘翅基部第2列的4个黑斑基本上在一条线上（图7-9）。

卵：炮弹形，初产淡黄色，后变黄褐色。

图7-9　茄二十八星瓢虫成虫（司升云　供图）

幼虫：老熟幼虫淡黄色，纺锤形，背面隆起，体背各节生有整齐的枝刺，前胸及腹部第8～9节各有枝刺4根，其余各节为6根。

蛹：淡黄色，椭圆形，尾端包着末龄幼虫的蜕皮，背面有淡黑色斑纹。

【生活习性】

茄二十八星瓢虫在我国仅分布在河北、山东以南地区，年发生2～3代，江苏3代，广西4～5代。以成虫在枯草、树木裂口或石垣处越冬，5月飞至苗床、大棚番茄及茄子田产卵，亦常寄生于酸浆和牛蒡。触摸时，成虫从体内分泌出黄色液体，由叶片滑落。

成虫、幼虫在叶背剥食叶肉，仅留表皮，形成许多不规则半透明的细凹纹，也能将叶片吃成孔状或仅存叶脉，严重时，受害叶片干枯、变褐，全株死亡。茄果、瓜条被啃食处常常破裂，组织变僵、粗糙、有苦味，不堪食用（图7-10）。

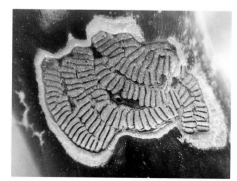

图7-10　茄二十八星瓢虫为害状（司升云　供图）

7.3 区别特征

马铃薯瓢虫	VS	茄二十八星瓢虫
北方	地域分布	南方
马铃薯瓢虫成虫鞘翅基部3个黑斑后面的4个黑斑不在一条直线上 	外部形态	二十八星瓢虫成虫鞘翅基部3个黑斑后面的4个黑斑在一条直线上

7.4 防治技术

（1）农业防治　及时清除田园的杂草和残株，降低越冬虫源基数。利用假死性，敲打植株，捕捉成虫；人工摘除叶背上的卵块和植株上的蛹，并集中杀灭。

（2）化学防治　应在马铃薯瓢虫、茄二十八星瓢虫幼虫分散之前用药。常用的药剂有：4.5%高效氯氰菊酯乳油1 000 ～ 2 000倍液、2.5%高效氯氟氰菊酯乳油1 000 ～ 2 000倍液、2.5%溴氰菊酯乳油2 000 ～ 3 000倍液、1%甲氨基阿维菌素苯甲酸盐乳油2 000 ～ 3 000倍液进行喷雾防治，均可达到较好防治效果。

08 十四点负泥虫和枸杞合爪负泥虫

8.1 十四点负泥虫 *Crioceris quatuordecimpunctata*（Scopoli）

十四点负泥虫属鞘翅目Coleoptera，负泥虫科Crioceridae，别名芦笋叶甲、细颈叶甲。国内分布在北京、河北、黑龙江、吉林、辽宁、内蒙古、山东、江苏、浙江、福建、广西等地，国外在日本、朝鲜、俄罗斯、及欧洲其他国家有分布。寄主植物为绿芦笋、文竹等百合科天门冬属植物。

【形态特征】

成虫：长椭圆形，长5.5 ~ 7.5mm，宽2.5 ~ 3.2mm，体橘黄色或褐红色，具黑斑，头前部、复眼及四周、触角黑色，其余褐红色，头顶中央有1黑斑（图8-1A），触角11节，短粗；前胸背板红色，长略大于宽，有些个体前半部具"一"字型排列的黑斑4个；小盾片黑色（图8-1B），每个鞘翅上具黑斑7个（图8-1C），有时黑斑合并使全鞘翅呈黑色（图8-2），体背光洁，腹部褐色或黑色（图8-3）。

图8-1　成虫
（A.头顶中央黑斑　B.小盾片
C.鞘翅上的黑斑）

图8-2　成虫鞘翅上具1个黑斑

图8-3　成虫交尾

图8-4　幼虫取食为害

卵：长1～1.20mm，宽0.25mm，乳白色渐变浅黄色，后变深褐色。

幼虫：初孵化时，虫体黄色至绿褐色，二龄后乳黄色，老熟幼虫体长6～8mm，体黄色光亮，头胸部变细，腹背隆起膨大，但体上不负泥（图8-4）。

蛹：体长5～6mm，宽2.2～2.9mm，鲜黄色。土茧椭圆形。

该虫以成、幼虫啃食芦笋嫩茎或表皮，导致芦笋植株畸形或食成光杆，对绿笋为害最重。为害成茎时常啃食其嫩皮，破坏输导组织，造成芦笋植株变矮畸形或分枝，拟叶丛生，严重的可使被害株干枯而死。

在山东、华北年发生3～4代，以成虫在笋盘四周的土下和残留在地下的枯茎里越冬。越冬成虫翌春3月中下旬至4月上旬出土活动，4月中旬开始产卵，4月下旬至5月上旬是成、幼虫为害高峰期。二代发生于6月中旬至7月下旬，幼虫期7～10d，共4龄。8月上旬是三代卵孵化盛期和幼虫为害高峰期。秋季气温高，降雨少的年份可发生第4代。世代重叠。

成虫寿命较长，可达50多天；有假死性，能短距离飞行，交尾多在天气较好白天，交尾后3～4d开始产卵；卵期根据气温条件3～9d不等，卵孵化为幼虫后先取食卵壳，再取食芦笋针叶，幼虫行动缓慢，四龄进入暴食期，老熟后钻入土中在笋株茎基1～2cm处结茧化蛹。

8.2 枸杞合爪负泥虫 Lema decempunctata Gebler

枸杞合爪负泥虫，属鞘翅目Coleoptera，负泥虫科Crioceridae，别名十点叶甲，寄主植物为枸杞，在我国分布于内蒙古、宁夏、甘肃、青海、新疆、北京、河北、山西、陕西、山东、江苏、浙江、江西、湖南、福建、四川、西藏等省份，还包括朝鲜、日本、西伯利亚等地。

【形态特征】

成虫：体长4.5～6.0mm，宽2.2～2.8mm。头、触角、前胸背板、体腹面、小盾片蓝黑色（图8-5A）；鞘翅红褐色，每个鞘翅有5个近圆形的黑斑（图8-5B）；肩甲1个、中部前后各2个。鞘翅斑点的数目和大小变化大，有时全部消失（图8-6）。足一般黄褐至红褐色，有时全部黑色。头部有粗密刻点；触角粗壮，长度超过鞘翅肩部，自第3节之后渐粗，长大于宽。前胸背板近方形，两侧中部略收缩，其上散布粗密刻点。小盾片舌形，末端稍平直。鞘翅基部后面稍宽，翅面较平，刻点粗大。

图8-5　成虫交尾
（A.触角、小盾片、前胸背板　B.鞘翅上的黑斑）

图8-6　成虫鞘翅斑点消失

卵：橙黄色，长圆形（图8-7）。

幼虫：老熟幼虫体长7mm，灰黄至灰绿色，头黑色有反光，前胸背板黑色，胸足3对，腹部各节的腹面有吸盘1对（图8-8）。

蛹：体长5mm，淡黄色，腹端有毛刺2根（图8-9）。

图8-7　卵

图8-8　幼虫　　　　　　　　　　　图8-9　蛹

【生活习性】

4～9月，在枸杞上各虫态可同时发现，全年约有5代，成虫常栖息在枝叶上，产卵于叶面或叶背，排列成"人"字形。成虫和幼虫均为害叶片，以幼虫更甚，一龄幼虫常聚集少数叶片背面取食，二龄后逐渐分散，蚕食嫩叶，使叶片成不规则缺刻或孔洞，最后仅留叶脉。受害轻者，叶片被排泄物污染，影响生长和结果；大量发生时，全株叶片、嫩梢被害，严重影响枸杞生产。幼虫老熟后入土吐白丝粘合土粒结成土茧，化蛹其中。

枸杞合爪负泥虫以成虫和幼虫在枸杞的根际附近的土中越冬。成虫约占越冬虫量的70%，幼虫占30%。翌年4月上旬开始活动，4月中、下旬枸杞开始抽芽开花时成虫开始产卵危害。卵成块产于嫩叶上，每卵块6～22粒不等，金黄色，呈"人"字形排列。在室内饲养条件下平均每雌产卵44.3块356粒，卵孵化率很高，通常在98%以上，且同一卵块孵化很整齐。幼虫老熟后入土3～5cm处吐白丝和土粒结成棉絮状茧，化蛹其中。成虫寿命长，平均达91d，产卵期可达70～80d，世代重叠严重。

幼虫自4月下旬开始活动，此时危害常不明显，于6月下旬开始出现第二代，大量的成虫聚集产卵，8～9月为负泥虫大量暴发时期。

8.3 区别特征

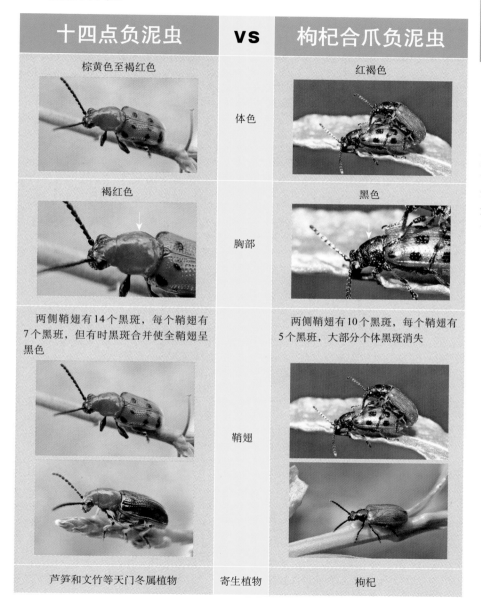

十四点负泥虫	VS	枸杞合爪负泥虫
棕黄色至褐红色	体色	红褐色
褐红色	胸部	黑色
两侧鞘翅有14个黑斑，每个鞘翅有7个黑斑，但有时黑斑合并使全鞘翅呈黑色	鞘翅	两侧鞘翅有10个黑斑，每个鞘翅有5个黑斑，大部分个体黑斑消失
芦笋和文竹等天门冬属植物	寄生植物	枸杞

8.4 防治技术

（1）农业防治　初冬季清理残枝落叶和杂草，清洁田园，中耕翻土灭蛹。

（2）物理防治　人工摘除负泥虫幼虫、成虫、卵的叶片。

（3）生物防治　有试验报道利用昆虫病原线虫防治幼虫效果明显。

（4）化学防治　越冬代成虫出土盛期喷洒2.5%溴氰菊酯乳油1 000～2 000倍液、2.5%高效氯氟氰菊酯2 000倍液、2%甲氨基阿维菌素苯甲酸盐乳油2 000倍液进行喷雾防治。也可选生物源农药0.5%苦参碱水剂1 000倍液、5%天然除虫菊素乳油1 000倍液进行防治。在卵孵化盛期喷洒上述杀虫剂，利于把该虫控制在低龄抗药性低的阶段，压低一代成虫数量，可取得事半功倍的效果。7月上旬大田封垄后，采笋田于8月上旬进入卵孵化盛期和幼虫为害高峰期，是防治该虫关键时期，采收要根据药剂种类注意安全间隔期。

温馨提示

　　负泥虫的幼虫喜欢将粪便排出体外后背在身上，看起来像背了一坨泥巴，一般末龄幼虫才会把背在身上的粪便脱去。

09 黄曲条跳甲和黄宽条跳甲

9.1 黄曲条跳甲 *Phyllotreta striolata*（Fabricius）

黄曲条跳甲属鞘翅目Coleoptera，叶甲科Chrysomelidae，又名狗虱虫、跳虱，简称跳甲，在我国分布于各地的十字花科蔬菜产区。为害的寄主植物有叶菜类蔬菜，以白菜、菜薹、萝卜、芜菁、油菜、甘蓝、花椰菜等十字花科蔬菜受害最重，但也为害茄果类、瓜类、豆类蔬菜。

【形态特征】

成虫：体长1.8～3.0mm，长椭圆形，黑色有光泽，前胸背板及鞘翅上有许多刻点，排成纵行；鞘翅中央有一黄色纵条，两端大、中部狭而弯曲，后足腿节膨大、善跳（图9-1）。

卵：长约0.3mm，椭圆形，初产时淡黄色，后变乳白色。

图9-1　成虫

幼虫：老熟幼虫体长4mm，长圆筒形，尾部稍细，头部、前胸背板淡褐色，胸腹部黄白色，各节有不显著的肉瘤。

蛹：长约2mm，椭圆形，乳白色，头部隐于前胸下面，翅芽和足达第5腹节，腹末有一对叉状突起。

【生活习性】

在我国北方地区年发生2～5代，华南7～8代，上海6～7代。在华南及福建漳州等地无越冬现象，可周年繁殖。在江浙一带以成虫在田间、沟边的落叶、杂草及土缝中越冬，期间如气温回升10℃以上，则出土在叶背取食为害。越冬成虫3月中下旬开始在越冬蔬菜与春种蔬菜上取食活动，随着气温升高活动加强。4月上旬开始产卵，以后约每月发生1代，世代重叠。10～11月，第6、7代成虫先后入土越冬。春季第1、2代（5～6月）和秋季等第5、6代（9～10月）为发生高峰。

以成虫和幼虫两个虫态对植株直接造成危害。成虫食叶，以幼苗期最重（图9-2）；严重时可将叶片吃成筛子状小孔（图9-3和图9-4）；在留种地主要为害花蕾和嫩荚（图9-5）。幼虫为害菜根，蛀食根皮，咬断须根，使叶片萎蔫枯死。萝卜被害呈许多黑斑，最后整个变黑腐烂；白菜受害叶片变黑死亡，并传播软腐病。

图9-2　芥菜叶片被害状

图9-3　白菜叶片被害状

图9-4　白菜心部被害状

图9-5　油菜被害状

黄曲条跳甲成虫有趋光、趋黄、趋湿习性，产卵喜潮湿土壤，含水量低的极少产卵。相对湿度低于90%时，卵孵化极少。春秋季雨水偏多，有利于发生。黄曲条跳甲的适温范围21～30℃，低于20℃或高于30℃，成虫活动明显减少，特别是夏季高温季节，食量剧减，繁殖力下降，并有蛰伏现象，因而发生较轻。

黄曲条跳甲属寡食性害虫，偏嗜十字花科蔬菜。十字花科蔬菜连作地区，终年食料不断，利于大量繁殖，受害重；与其他蔬菜轮作，发生为害轻。

黄曲条跳甲天敌包括寄生性和捕食性昆虫，病原细菌、病原线虫等。据报道，北美地区二色缘茧蜂 *Perilitus bicolor*（Wesmael）、短茎缘茧蜂 *Peritius brevipetiolatus* Thomson 均可稳定寄生于黄曲条跳甲成虫。在欧洲西部，两色汤氏茧蜂（*Townesilitus bicolor*）对白菜黄曲条跳甲寄生性较稳定，数量最多，但到目前为止，有关寄生性天敌的田间成功应用未见报道。据报道捕食性天敌有泡大眼长蝽 *Geocoris bullatus*（Say）、斑腹刺益蝽 *Podisus maculiventris* Say、美洲边缘修姬蝽 *Nabicula americolimbata*（Carayon）等。昆虫病原细菌有坚强芽孢杆菌 *Bacillus firmus* Bredemann et Werner、球孢白僵菌 *Beauveria bassiana*（Bals.）Vuill。昆虫病原线虫有斯氏线虫科的 *Steinernema* sp. 及异小杆线虫科的 *Heterorhabditis* sp. 及圆线虫科的几个种。

9.2 黄宽条跳甲 *Phyllotreta humilis* Weise

黄宽条跳甲属鞘翅目 Coleoptera，叶甲科 Chrysomelidae，又名黄宽条菜跳甲、伪黄条跳甲、菜蚤子、土跳蚤、土圪蚤、黄跳蚤。分布于黑龙江、内蒙古、河北、甘肃、山东、山西等地。甘肃、宁夏、青海发生较重。主要寄主包括甘蓝、花椰菜、白菜、萝卜等十字花科蔬菜，也可为害粟、甜菜、大麻、大麦等。常与黄曲条跳甲混合发生。

【形态特征】

成虫：体长1.8～2.2mm，头、胸部黑色，光亮。鞘翅中缝和周缘黑色，每翅具1个宽大的黄色纵条斑（图9-6A），中央无弓形弯曲，其最狭处也在翅宽的一半以上。触角基部6节黄色或赤褐色（图9-6B和图9-7）。

图9-6 成虫背面观
（A.黄色纵条斑 B.触角）

图9-7 成虫侧面观

9.3 区别特征

黄曲条跳甲和黄宽条跳甲主要为害甘蓝、花椰菜、白菜等十字花科蔬菜，二者常混合发生，其卵、若虫、蛹非常相似很难区分，成虫主要区别特征是，黄曲条跳甲鞘翅中间条形黄斑两侧外缘向内凹陷（图9-1），而黄宽条跳甲鞘翅中间条形黄斑两侧外缘平直，不凹陷（图9-6）。

9.4 防治技术

（1）农业防治　①清除菜地残株败叶，铲除杂草；播种前深耕晒土，消灭部分蛹。②合理轮作，减少十字花科蔬菜的种植，水生蔬菜与旱田蔬菜轮作，压低虫口基数。

（2）物理防治　①苗床或菜畦覆盖防虫网。②黄板或白板诱杀，在田间设置40cm×30cm黄色粘虫板，每667m²25～30块，高度在作物生长点上方5～10cm处。③黑光灯诱杀，具有一定的防治效果。

（3）化学防治　可选择30%噻虫嗪种衣剂每100kg种子用药280～560g进行拌种防治；播种前撒施0.4%呋虫胺颗粒剂每667m²用药6～8kg、1%联苯菊酯·噻虫胺颗粒剂每667m²用药4～5kg、0.5%噻虫胺颗粒剂每667m²用药4～5kg；生长期喷洒25%噻虫嗪水分散粒剂2 000～3 000倍液、10%溴氰虫酰胺悬浮剂1 500～2 000倍液、15%哒螨灵乳油1 000倍液。

温馨提示

防治要点：一是喷药时间选择在晴天傍晚，二是喷药操作从外围向内转圈喷。

10 大猿叶虫和小猿叶虫

10.1 大猿叶虫 *Colaphellus bowringii* Baly

大猿叶虫属鞘翅目Coleoptera，叶甲科Chrysomelidae，又名菜无缘叶甲、猿叶甲、乌壳虫、黑壳虫、黑蓝虫；除新疆、西藏之外，在我国各省份均有分布。寄主植物有白菜、芥菜、萝卜、芜菁、甘蓝、油菜、甜菜等。

【形态特征】

成虫：体长5mm，宽2.5mm体长椭圆形，尾端略尖；背面黑蓝色，带绿色光泽。头部两侧前缘刻点粗密，上着生短毛。触角第三节较长，约是第二节的2倍，端部5节显粗（图10-1A）。前胸背板十分拱凸，后缘中部强烈向后拱出（图10-1B），表面刻点粗深，中部略疏，两侧较密，刻点之间平，小盾片无刻点。鞘翅基部与前胸等阔，刻点粗深（图10-1C），呈皱状，刻点之间隆起，以翅端更甚，紧靠缘折处呈横皱状。

图10-1　成虫
（A.触角　B.前胸背板　C.鞘翅上的刻点）

图10-2 幼虫

卵：椭圆形，橙黄色。

幼虫：体长约7.5mm，胸腹部灰黑色稍带黄褐色。各体节上的肉瘤小而多，肉瘤上毛不明显，腹末肛上板坚硬（图10-2和图10-3）。

蛹：椭圆形，黄褐色，前胸背板中央有一浅纵沟腹部末端叉状。

【生活习性】

大猿叶虫在我国黑龙江哈尔滨年发生1～2代，越冬成虫4月下旬开始活动，第1代发生在5月上旬至7月上旬，第2代发生在6月中旬至7月中旬，所有成虫7月下旬后均滞育越冬。山东泰安年发生1～2代，越冬成虫于3月中旬至4月下旬陆续出土繁殖，第1代成虫5月中旬全部入土越夏，8月下旬至9月中旬出土繁殖，第2代成虫10月下旬前入土越冬。湖南长沙年发生1～3代，春季发生第1代，秋季发生第2代，3月上、中旬越冬成虫活动，5月底成虫入土越夏，9月下旬至11月中旬第2、3代幼虫盛发。江西龙南年发生1～4代，越冬幼虫2月中至4月初出土，4月上旬至5月中旬越夏，8月中旬至10月中旬出土，9月中旬至12月中旬陆续入土越冬。广东、广西年发生5～6代；无越冬现象。

以成虫在土壤中越夏和越冬。越夏深度为10～27cm，以15cm左右最多，越冬深度为9～31cm，以15～22cm最多。

大猿叶虫生长适温22～25℃，高于28℃对生长发育和存活不利。各虫态发育起点和有效积温分别为：卵10.8℃和64.8℃，幼虫10.9℃和117.4℃，蛹9.8℃和64.4℃。温度是诱导成虫滞育的关键因子，高温和低温均可诱导滞育。

成虫将卵成堆产于根际地表，每堆20～100粒；每雌可产卵600～900粒。幼虫共4龄，有假死性，昼夜活动，群居为害，喜在心叶内取食，晚间为取食高峰。在15～30℃下幼虫发育历期为22.8～6.9d；幼虫老熟后入土室化蛹。

10.2 小猿叶虫 *Phaedon brassicae* Baly

小猿叶虫属鞘翅目 Coleoptera，叶甲科 Chrysomelidae，又名乌壳虫、黑壳虫、癞虫（幼虫）。分布北起辽宁、内蒙古，南至台湾、海南、广东、广西。寄主植物主要有油菜、白菜、萝卜、芥菜、花椰菜、莴苣、胡萝卜、洋葱、葱等。

【形态特征】

成虫：全体蓝黑色，有光泽，体长 2.8～4.0mm，体卵圆形，背面金属蓝色、紫或黑色。头部刻点粗密；触角黑色，第 2 节与第 4 节等长，端部节明显渐粗。前胸背板侧缘近直形。小盾片近三角形。鞘翅刻点行列明显，由圆刻点组成（图 10-3）。

卵：初产卵为黄色，将孵化时变为暗黄褐色。

幼虫：在孵化初期为浅黄绿色，老熟时变为黄褐色，体长约 7mm，各节有黑色肉瘤突起，足黑色（图 10-4）。幼虫体节上黑色肉瘤较大猿叶虫大而少。

蛹：黄色，有土室包被。

图 10-3　小猿叶虫成虫（司升云　供图）

图 10-4　小猿叶幼虫（司升云　供图）

【生活习性】

年发生 2～4 代，在江苏响水，春、秋各发生 1 代，3 月上旬和 8 月上中旬分别为高峰期。在长江流域春季发生 1 代，秋季发生 2 代；2 月下旬至

3月上旬越冬虫开始活动，5月中旬气温升高，成虫蛰伏越夏。9月至11月底繁殖第二、三代。

以成虫在废弃老叶、杂草、苔藓等处潜伏越冬，翌春出来活动，产卵于叶背面中肋上。产卵时，先在菜肋上咬一个较卵稍大的破口，然后将卵横置其中。每雌能产卵200多粒。孵化为幼虫后，与成虫食害菜叶。一般习性大致与大猿叶虫相同，在春、秋两季发生最盛，为害亦烈。

小猿叶虫发育适温20～25℃，高于30℃不利于发育、繁殖及存活。卵、幼虫、蛹和成虫发育起点温度分别为7.7℃、7.2℃、7.3℃、7.2℃；有效积温分别为80.8℃、188.6℃、68.3℃和342.8℃。

10.3 区别特征

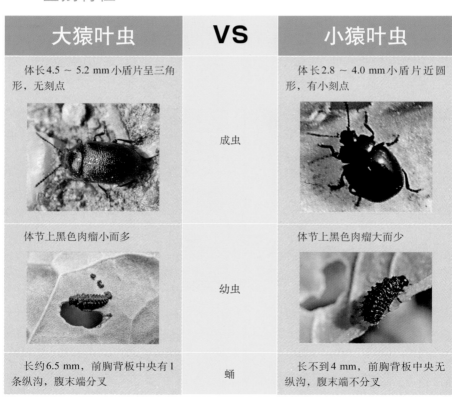

大猿叶虫	VS	小猿叶虫
体长4.5～5.2 mm小盾片呈三角形，无刻点	成虫	体长2.8～4.0 mm小盾片近圆形，有小刻点
体节上黑色肉瘤小而多	幼虫	体节上黑色肉瘤大而少
长约6.5 mm，前胸背板中央有1条纵沟，腹末端分叉	蛹	长不到4 mm，前胸背板中央无纵沟，腹末端不分叉

10.4 防治技术

（1）农业防治　①清洁田园，结合秋冬沤肥积肥，铲除菜地杂草，清除残株落叶，耕翻1-2次，消灭越冬虫源，降低发生基数。②采取十字花科蔬菜与葫芦科、茄科、豆科等作物轮作，避免连作。

（2）物理防治　成虫善飞翔，可在田间设置杀虫灯进行诱集，杀虫灯在田间呈棋盘状布局，灯距100～150m，灯的设置高度为80～100cm，可有效诱杀成虫。大发生时可人工进行捕捉成虫和幼虫，集中捕杀。

（3）生物防治　①选用植物源杀虫剂0.3%印楝素乳油1 000倍、2.5%鱼藤酮乳油1 000倍液进行喷雾防治，还可选用微甘菊（*Mikania micrantha*）挥发油每株5～10μL可干扰猿叶虫对寄主植物的反应，减少其在寄主植物上产卵，还可以喷洒类黄酮类物质栎苷、芸香苷、槲皮苷、杨梅苷和桑色素等物质可抑制其取食。②采用每毫升$1×10^8$个孢子的卵孢白僵菌菌液处理土壤，15～30d后成虫死亡率可达80%以上。温度在23～26℃，湿度超过90%条件下球孢白僵菌对小猿叶虫感染率高。

（4）化学防治　苗期防治成虫和田间防治低龄幼虫是关键。常用的药剂有1%甲氨基阿维菌素苯甲酸盐乳油1 000～2 000倍液、1.8%阿维菌素乳油1 000～2 000倍液、40%氰戊菊酯乳油2 000～3 000倍液、2.5%高效氯氟氰菊酯乳油2 000倍液、90%敌百虫可溶性粉剂1 000～1 500倍液进行防控。

韭菜迟眼蕈蚊和葱地种蝇

11.1 韭菜迟眼蕈蚊 *Bradysia odoriphaga* Yang et Zhang

韭菜迟眼蕈蚊属双翅目 Diptera，尖眼蕈蚊科 Sciaridae，幼虫称韭蛆。分布于北京、天津、山东、山西、辽宁、宁夏、甘肃、内蒙古、江苏、江西、浙江、台湾等地。可为害百合科、菊科、黎科、十字花科、伞形花科、葫芦科等多种作物。其中韭菜受害最重，其次为大葱、洋葱、小葱、大蒜、莴苣和瓜类蔬菜；偶尔也为害青菜、芹菜、生菜等。

【形态特征】

成虫：体长 2.5 ～ 3.0mm、翅展 4 ～ 5mm，头小，胸背部高度隆起，头弯向胸部下方。复眼黑色，半球形，两复眼在头顶相接；触角丝状，16节，漆黑色。足细长前足胫节端部有距1根，中后足各有距2根。前翅透明，淡烟色，有蓝色反光，缘脉及亚前缘脉较粗，后翅退化为平衡棒。雄虫略瘦小，腹部较细长，末端有一对抱握器，雌虫腹末尖细，有1对2节的尾须（图11-1）。

卵：呈锥状椭圆形，0.24 ～ 0.28mm，初产时白色透明，后变污白色（图11-2）。

图11-1 成虫

图11-2 卵

幼虫：体细长（图11-3），老熟时体长5～7mm，头漆黑色有光泽（图11-4），体白色，半透明，无足（图11-5）。

图11-3　幼虫聚集于韭菜根部

头部

图11-4　幼虫

图11-5　幼虫在根部土中

图11-6　韭菜被害状

蛹：裸蛹，化蛹初期黄白色，后转黄褐色，羽化前灰黑色。

【生活习性】

该虫在华北地区年发生4～6代，世代重叠严重，以各龄幼虫在3～4cm深的土中植株的假茎基部或鳞茎盘上越冬，冬季在温室、大棚内可持续繁殖为害。

在山东至杭州地区一年发生6代，露地越冬幼虫于翌春3月开始活动，3月下旬开始化蛹，4月上中旬成虫羽化，此时是全年防治成虫的关键时期。此后世代重叠严重，各代幼虫出现的时间第一代为4月中旬至5月中旬，第二代5月下旬至6月下旬，第三代6月下旬至7月下旬，第四代7月中旬至8月下旬，第五代8月中旬至10月中旬，第六代9月中旬以后。其中以春季为害最重。秋季9～10月较重，7～8月为害轻。春、秋两季主要为害韭菜的幼茎引起腐烂，严重的使韭叶枯黄而死。在北方冬季设施栽培中的韭菜，扣棚后是韭蛆为害高峰。

成虫不善飞翔，喜爬行，白天多在韭菜丛间及地面活动，对新鲜韭菜植株、大蒜素等有趋性。产卵多在潮湿弱光腐殖质多的韭菜田植株基部与土壤间隙、叶鞘缝隙及土块下。卵成堆产，在适宜条件下平均单雌产卵100粒左右。

幼虫喜群集为害，初孵幼虫先为害韭菜叶鞘基部和鳞茎的上端，后转至咬食鳞茎或地下茎叶，低龄幼虫喜欢在韭菜茎基和假茎处取食，高龄老熟幼虫喜欢在土壤5～10cm处生活。春、秋两季主要为害韭菜的幼茎引起腐烂，使植株枯萎死亡。夏季幼虫向下活动蛀入鳞茎，重者鳞茎腐烂，整墩韭菜死亡（图11-6）。老熟后在鳞茎或根部化蛹。砂壤土为害重。

韭菜迟眼蕈蚊幼虫能分泌丝线，结稀疏丝网，粘连寄主残屑，群居在网下取食。韭蛆幼虫极为怕光，强光刺激下表现为不停翻滚且四处爬动。

远距离传播由其产品如蒜头、泥韭、带土的葱等将虫卵、幼虫或蛹夹带至新发生地。

幼虫存活的最佳湿度在60%～80%，寄主湿度过大立即爬离寄主，不再取食。18℃～25℃是其最适生长温度。25℃时卵历期2.5d，幼虫期10.5d，蛹期1.5d。成虫虽然喜阴湿环境，但湿度大于70%不能存活。幼虫在31℃时进入滞育状态。

11.2 葱地种蝇 *Delia antiqua*（Meigen）

葱地种蝇属双翅目Diptera，花蝇科Anthomyiidae，又名葱蝇，蒜蛆。在我国分布于北京、河北、山东、辽宁、河南、江苏、甘肃、宁夏、陕西、山西、内蒙古、新疆和青海等地。主要为害大葱、小葱、洋葱、大蒜、韭菜等百合科蔬菜。以幼虫蛀入葱蒜等鳞茎，引起腐烂、叶片枯黄、萎蔫，甚至成片死亡。

【形态特征】

成虫：体长4.5～6mm，翅展12.0～12.5mm。前翅基背毛极短小，腹部扁平，长椭圆形，灰黄色。雄虫复眼在单眼三角区的前方处很接近，雌虫复眼间距较宽，中足胫节的外上方有2根刚毛，后足胫节的内下方中央（为全胫节长1/3～1/2的部分）具有成列稀疏而大致等长的短毛。

卵：长椭圆形，长径约1mm，白色。

幼虫：蛆状，成熟幼虫体长9～10mm，乳白色（图11-7和图11-8）。腹部尾节有7对突起，均不分叉，第1对高于第2对，第6对显著大于第5对。

图11-7　幼虫在韭菜根部

图11-8　幼虫在土壤中

蛹：纺锤形，长6～7mm，红褐色至暗褐色（图11-9）。

【生活习性】

该虫年发生世代，东北2～3代，华北3～4代，世代明显重叠。以滞育蛹及少量幼虫在葱、蒜等根际附近5～10cm深处越冬，成虫在温室里也可越冬。翌年4～6月越冬蛹羽化为成虫。东北地区葱蝇第1代5月中旬至7月上旬；第2代6月中旬至7月下旬；第3代幼虫7月下旬至10月中旬。山东第1代幼虫发生盛期5月上、中旬；第2代幼虫发生盛期6月上、中旬；第3代幼虫发生盛期10月上、中旬。

图11-9　蛹

成虫以晴天9～15时最活泼，晚上不活动，刮风和阴雨天活动减少，对未腐熟的粪肥有明显的趋性，交尾大多在9～10时进行。幼虫有强烈的背光性和趋腐性，喜潮湿，常在土面下活动，且能转主为害。卵成堆产在葱叶、鳞茎等的基部和周围1cm深的表土中，或产于刚出土芽鞘附近的土缝中和鞘叶缝内，每头雌虫平均产卵120～180粒。孵化的幼虫蛀入葱蒜等的鳞茎内取食，常常群集危害，轻者鳞茎（蒜头）畸形突出或蒜瓣（葱瓣）裂开，重者鳞茎（蒜头）被蛀成孔洞，引起腐烂发臭，叶片枯黄，植株逐渐凋萎，甚至成片死亡，老熟幼虫在被害株周围的土中化蛹。

11.3 区别特征

虽然韭菜迟眼蕈蚊和葱地种蝇属于不同的科，二者均在地下危害，生产上容易混淆。

韭菜迟眼蕈蚊	VS	葱地种蝇
寄主范围较广，可为害百合科、菊科、黎科、十字花科、伞形花科、葫芦科等多种作物	寄主范围	主要为害百合科蔬菜
长蛆蚓型、白色、透明，头黑色		蛆形、白色、半透明
头部	幼虫	

11.4 防治技术

（1）农业防治　适时与非寄主作物轮作倒茬；冬灌或春灌减少幼虫数量；使用充分腐熟的粪肥，可在粪肥上覆一层毒土或拌少量药剂。韭菜萌发前，用竹签剔开根部周围土壤，晾根，7～10d后大部分幼虫死亡。

（2）物理防治　①保护地设置黄色粘虫板监测诱杀成虫，确定成虫发生期。在成虫高峰期前设置防虫网隔离成虫产卵。②应用糖醋液（红糖：醋：水=1：1：2.5）加少量锯末和敌百虫，放入诱集盒内，每天在成虫活动盛期打开盒盖，诱杀成虫，注意诱液每5d加一半的量。

韭菜可采用"日晒高温覆膜法"，即针对韭蛆不耐高温的特点，在地面铺上透明保温的无滴膜，让阳光直射到膜上，提高膜下土壤温度，当韭蛆幼虫所在的土壤温度超过40℃，且持续3h以上即可彻底杀死。尽量5月底前采用此方法进行治蛆处理，以免影响韭菜养根。夏季收割的韭菜，可以随时割随时覆膜杀蛆。

（3）生物防治　可应用每克25万头斯氏线虫粉剂，防治效果理想，且持效期长，一般一次防治可控制周年为害。应用每克150亿个孢子球孢白僵菌颗粒剂，每667m² 75～90g拌细沙土撒施。

（4）化学防治　在上午9～10时成虫羽化盛期喷洒2.5%高效氯氟氰菊酯乳油2 000倍液，喷雾时以韭菜田地面均匀布满药液为宜。在幼虫为害初期，即应防治，可选用10%吡虫啉可湿性粉剂每667m² 200～300g、5%氟啶脲乳油每667m² 200～300g拌土撒施。

温馨提示

　　为了延长杀虫剂的使用寿命，减缓韭蛆抗性发展速度，应限制使用有机磷和菊酯类农药，严格控制用药剂量和安全间隔期，注意不同种类杀虫剂轮换使用。菊酯类农药在韭菜上安全间隔期为10天，最多使用2次，不可与碱性农药等物质混合使用。

12 美洲斑潜蝇、南美斑潜蝇和豌豆彩潜蝇

12.1 美洲斑潜蝇 *Liriomyza sativae* Blanchard

美洲斑潜蝇属双翅目Diptera，潜蝇科Agromyzidae，又名蔬菜斑潜蝇，美洲甜瓜斑潜蝇，苜蓿斑潜蝇。原产地为南美洲，自20世纪90年代初传入我国海南后，迅速扩展到内地除新疆和西藏外的所有省份。寄主植物种类较多，包括蔬菜的葫芦科、豆科、茄科、伞形花科、菊科等22科的黄瓜、番茄、茄子、辣椒、豇豆、蚕豆、大豆、菜豆、芹菜、甜瓜、西瓜、冬瓜、丝瓜、西葫芦、人参果、樱桃番茄、蓖麻、大白菜、油菜等130多种作物。

【形态特征】

成虫：体长1.3～1.8mm，体黑色，额鲜黄色，侧额上面部分色深，甚至黑色，外顶鬃着生于黑色区域，内顶鬃着生于黑黄交界处，触角第三节黄色（图12-1）。中胸背板黑色有光泽（图12-2A），小盾片鲜黄色（图12-2B），背中鬃1+3，中鬃呈不规则4列，中侧片黑色区域大小有变化。翅长1.3～1.7mm，M_{3+4}脉末段长是次末段长的3～4倍。足的基节、腿节鲜黄色，胫、跗节色深。

图12-1　成虫正面观

图12-2　成虫侧面观
（A.中胸背板　B.小盾片）

幼虫：老熟幼虫体长约3mm，黄色至橙黄色（图12-3），后气门突末端3分叉，其中2个分叉较长（图12-4）。

图12-3　幼虫

图12-4　幼虫在叶片内钻蛀

蛹：体长约2mm，鲜黄色至橙黄色，腹面略扁平（图12-5）。

【生活习性】

美洲斑潜蝇在北京地区年发生8～9代，在华南地区可发生15～20代。该虫适应性强，寄主范围广，繁殖能力强，世代短，成虫具有趋光、趋绿、趋黄、趋蜜等特点。每年4月气温稳定在15℃左右

图12-5　蛹

时，露地可出现美洲斑潜蝇为害状。成虫以产卵器刺伤作物叶片，流出的汁液供雄虫和自身取食补充营养，并通过产卵器刺探寻找合适的产卵场所并将卵产于叶片组织中。卵经2～5d孵化，卵孵化为幼虫后蛀食叶肉栅栏组织，在叶片正面形成由细逐渐变粗的白色隧道；一般1虫1道，1头老熟幼虫1d可潜食3cm左右。受害重的叶片正面布满白色的蛇形隧道（图12-6）及针刺状的白色刻点；幼虫期4～7d。幼虫老熟后咬破叶表皮在叶外或土表下化蛹，蛹经7～14d羽化为成虫。每世代夏季2～4周，冬季6～8周。美洲斑潜蝇在我国南部周年发生，无越冬现象。世代短，繁殖能力强。在北京自然环境不能越冬，但在保护地可周年繁殖危害并在其中

图12-6　番茄叶片被害状

越冬。

美洲斑潜蝇在14～31℃下均可发育，随温度升高发育历期缩短，14℃时卵发育历期为8.46d，完成一代需68d；31℃时卵发育历期1.83d，完成1代只需12d；超过31℃时，其寿命、产卵量均显著下降。

寄主植物对卵的生长发育无影响，但对幼虫和蛹影响较大，在大白菜上幼虫发育历期最长为4.09d，在架芸豆、西葫芦、菜豆和番茄上只有2.78d。蛹期在黄瓜上最长为8.85d，西葫芦、番茄、地芸豆和白菜上较短，为7.29～7.51d。茄子上成虫寿命最长，为10.23d，番茄上只有4.07d。

美洲斑潜蝇天敌以寄生性为主，主要有黄腹潜蝇茧蜂、柄腹姬小蜂 *Pediobius* sp.（图12-7）和豌豆潜叶蝇姬小蜂 *Diglyphus isaea*（Wallker）（图12-8）等多种，其中绝大部分是寄生豌豆彩潜蝇的种类。

图12-7　柄腹姬小蜂成虫

图12-8　豌豆潜叶蝇姬小蜂

12.2 南美斑潜蝇 *Liriomyza huidobrensis* Blanchard

南美斑潜蝇属双翅目 Diptera，潜蝇科 Agromyzidae，又名拉美斑潜蝇，拉美豌豆斑潜蝇，拉美甜瓜斑潜蝇。分布在新北区、北半球温带地区。在我国的云南、贵州、四川、新疆、青海、甘肃、山东、河北、吉林、辽宁、北京等地均有分布。寄主植物有蚕豆、马铃薯、小麦、大麦、豌豆、油菜、芹菜、菠菜、生菜、黄瓜、菊花、鸡冠花、香石竹等，以及药用植物和烟草等百余种。

【形态特征】

成虫：体长1.8～2.1mm，黑色，有光泽（图12-9）。额黄色，但侧额上面部分较黑，内外顶鬃均着生在黑色区域，触角第三节一般棕黄色。中胸背板黑色（图12-10A）；小盾片黄色至浅黄色（图12-10B），明显比美洲斑潜蝇色淡且小；背中鬃1+3，中鬃成不规则4列，中侧片下面3/4黑色。翅长1.7～2.25mm。中室较大，M_{3+4}末段长为次生段长2～2.5倍。足基节黑黄色，腿节基色为黄色，但具黑色条纹直至几乎全黑色，但内侧总有黄色区域，胫节、跗节棕黑色。

图12-9　成虫侧面观

图12-10　成虫背面观
（A.中胸背板　B.小盾片）

幼虫：体长3～4mm，乳白色至浅黄色，后气门突具6～9个气孔。

蛹：体长2～3mm，初期黄色，逐渐加深至淡褐至黑褐色（图12-11），腹面略扁平（图12-12）。比美洲斑潜蝇颜色深且体形大。后气门突起与幼虫相似。

【生活习性】

该虫在北京地区年发生8代，在西南地区发生16代。在北京自然条件下不能越冬。但在保护地可周年繁殖为害，并在其中越冬，为翌年的露地发生提供虫源。

图12-11 蛹腹面观

图12-12 蛹背面观

成虫具有趋光、趋绿、趋黄、趋蜜等特点，适应性强，繁殖能力强，世代短，寄主范围广。除了与美洲斑潜蝇相同的寄主之外，还可寄生和为害芹菜，冬季日光温室中的芹菜上可繁殖南美斑潜蝇，为翌年早春提供大量虫源。如果下茬种植瓜类、豆类和番茄等作物，苗期即可将子叶全部串成白色。

图12-13 芹菜被害状

幼虫在叶片的栅栏组织和海绵组织交替取食叶肉，肉眼可见隧道与美洲斑潜蝇明显不同，其形成隧道在叶片正面和背面都可见，但都是断断续续，同一隧道时而上面可见，时而下面可见。很多虫道可连成一片形成取食斑（图12-13）。两种斑潜蝇成虫为害基本相似，在叶片正面取食和产卵，刺伤叶片表皮细胞，致使叶片流出汁液，供自身和雄虫取食；被刺后的叶片留下针尖大小的近圆形的小白点。根据叶片上小白点的多少可以预测发生情况，提前采取防控措施。

温度在14～29℃卵的存活率在90%以上，幼虫存活率在88%～94%；温度对蛹的存活率影响最大，20～24℃存活率70%以上，29℃时仅有25.3%羽化为成虫。20～24℃条件下世代存活率较高，比美洲斑潜蝇的发育适宜温度和发育起点低。

南美斑潜蝇和美洲斑潜蝇各虫态发育起点温度与有效积温

(引自雷仲仁等，1999)

虫态	南美斑潜蝇		美洲斑潜蝇	
	发育起点温度	有效积温	发育起点温度	有效积温
卵	7.78±0.75	41.52±2.61	9.96±0.75	37.52±2.02
幼虫	6.24±0.65	117.19±7.15	11.14±0.65	63.55±3.23
蛹	7.97±0.59	140.70±2.03	11.33±0.59	130.76±6.10
卵~蛹	7.37±0.49	298.35±5.76	11.08±0.49	232.16±8.80

南美斑潜蝇的天敌很多，其中寄生蜂就有30多种，在我国初步查明有15种，包括1种茧蜂、11种姬小蜂和2种金小蜂，其中豌豆潜蝇姬小蜂 *Diglyphus isaea*（Walker）是最主要的一种，绝大部分种类是寄生豌豆彩潜蝇。

12.3 豌豆彩潜蝇 *Chromatomyia horticola*（Goureau）

豌豆彩潜蝇属双翅目Diptera，潜蝇科Agromyzidae，又名豌豆植潜蝇，豌豆潜叶蝇，油菜潜叶蝇。除西藏外各地均有发生。已知寄主植物包括36科268种，主要为害甜豌豆、荷兰豆、蚕豆、扁豆、菜心、白菜、生菜、茼蒿、长叶莴苣、苦菜、樱桃萝卜、樱桃番茄、马铃薯、西瓜、甜瓜等名特优稀蔬菜。

【形态特征】

成虫：体长2～3mm，翅展5～7mm，暗灰色（图12-14）。头部黄色（图12-15A），短而宽。复眼椭圆形，红褐色（图12-15B）。触角3节，短小，黑色。胸部发达，翅1对，透明，有紫色闪光（图12-15C）。后翅退化为平衡棒，黄色至橙黄色。

卵：椭圆形，长约0.3mm，乳白或灰白色，略透明。

幼虫：蛆状，体长2.9～3.5mm，前端可见能伸缩的口钩。体表光滑柔软，由乳白色转为黄白色或鲜黄色（图12-16）。

蛹：卵圆形，略扁，长约2.5mm。初为乳白色，后逐渐变黄色至褐色（图12-17和图12-18）。

图12-14　成虫侧面观

图12-15　成虫背面观
（A.头部　B.复眼　C.翅）

图12-16　幼虫

图12-17　叶片内化蛹

图12-18　钻蛀隧道及蛹

图12-19　取食和产卵孔

【生活习性】

　　豌豆彩潜蝇在在我国由北向南世代逐渐增加，辽宁年发生4～5代，华北5代，江西12～13代，广东近20代。淮河以北蛹在被害叶中越冬，淮河秦岭以南至长江流域主要以蛹越冬，少数幼虫、成虫也可越冬，华南地区周年发生。各地均从早春起虫口数量逐渐上升，第一代幼虫为害阳畦菜苗、留种十字花科蔬菜、油菜及豌豆，5～6月为害最重，气温超过35℃时有蛹期越夏现象，秋后可造成轻度为害。

成虫有趋黄性，白天活动，吸食花蜜，也可在寄主叶面吸食汁液，形成许多不规则小白点，对甜汁有较强趋性，补充营养后产卵。卵散产，多产在叶背边缘叶肉中，尤以叶尖居多，每次1粒，每雌可产50～100粒，卵期8～11d。幼虫孵化后即蛀食叶肉，隧道随虫龄增大而加宽，虫量大时短期内致使全叶发白干枯，幼虫期5～14d。幼虫3龄，老熟后即在隧道末端化蛹，伸出2个气门梗呼吸。蛹期5～16d。成虫寿命一般7～20d。

主要以幼虫在叶片组织中潜食叶肉，形成迂回曲折的隧道，仅留上下表皮。严重时全叶枯萎，不仅直接影响叶片的商品价值，还影响寄主的果荚、果实或种子质量和产量。幼虫发育成熟后在叶片内化蛹，区别于其他多种斑潜蝇在叶外化蛹。幼虫还可潜食嫩荚和花梗。成虫还可用产卵器刺破叶表皮，吸食汁液，形成许多小白点（图12-19）。

豌豆彩潜蝇的寄生性天敌有豌豆潜叶蝇姬小蜂Diglyphus isaea (Walker)、白柄潜蝇姬小蜂Diglyphus albiscapus Erdos、丽足潜蝇姬小蜂Diglyphus pulchripes Crawford、厚脉潜蝇姬小蜂Diglyphus pachyneurus Graham、粗脉潜蝇姬小蜂Diglyphus crassinervis Erdos、瘦短胸姬小蜂Hemiptarsenus unguicellus (Zetterstedt)、潜蝇短胸姬小蜂Hemiptarsenus dropion (Walker)、异角短胸姬小蜂Hemiptarsenus variconis (Girault)、橙柄短胸姬小蜂Hemiptarsenus zilahisebessi (Erdos)、潜蝇十毛姬小蜂Pnigalio katonis (Ishii)、潜蝇敌奥姬小蜂Diaulinopsis arenaria Erdos、兰克瑟姬小蜂Cirrospilus lyncus Walker、底比斯金绿姬小蜂Chrysocharis pentheus (Walker)、毛角金绿姬小蜂Chrysocharis pubicornis (Zetterstedt)、美丽新金姬小蜂Neochrysocharis formosa (Westwood)、冈崎新金姬小蜂Neochrysocharis okazakii Kamijo、潜蝇纹翅姬小蜂Closterocerus lyonetiae (Ferriere)、二线姬小蜂Asecodes erxias (Walker)、海瑟姬小蜂Cirrospilus hytomyzae (Ishii)、金属光泽柄腹姬小蜂Pediobius metallicus (Nees)、圆形赘须金小蜂Halticoptera circulus (Walker)、底诺金小蜂Thinodytes cyzicus (Walker)、斯夫金小蜂Sphegigaster sp.、灿金小蜂Trichomalopsis sp.和黄赤蝇茧蜂*Opius* sp.等。其中豌豆潜叶蝇姬小蜂是优势种。在自然条件下，对豌豆彩潜蝇种群起着重要控制作用。药剂防治决策时应给与充分考虑。

12.4 区别特征

PK			美洲斑潜蝇	南美斑潜蝇	豌豆彩潜蝇
田间为害状			幼虫钻蛀的隧道只在叶片正面呈连续不断的弯曲蛇形，幼虫老熟后钻出叶片到叶面或地下化蛹	幼虫钻蛀的隧道是断断续续不连续，叶片的正面和反面均可见到，但都不很清晰，幼虫老熟后钻出叶片到也背面或地下化蛹	幼虫钻蛀的隧道形状和美洲斑潜蝇近似，正面连续可见，但幼虫老熟后在所钻蛀的隧道末端化蛹，不钻出叶片
形态特征	成虫	体色	亮黑色	亮黑色	黑褐色
		头部	额鲜黄色，外顶鬃着生黑色区域，内顶鬃着生黑黄交界处	额黄色，内外顶鬃均着生在黑色区域	额浅黄色，复眼红褐色

（续）

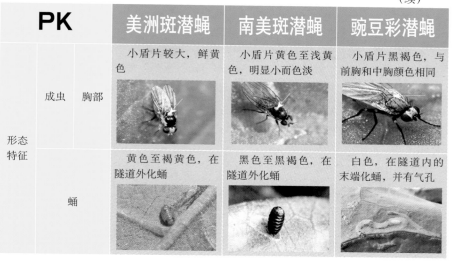

PK			美洲斑潜蝇	南美斑潜蝇	豌豆彩潜蝇
形态特征	成虫	胸部	小盾片较大，鲜黄色	小盾片黄色至浅黄色，明显小而色淡	小盾片黑褐色，与前胸和中胸颜色相同
	蛹		黄色至褐黄色，在隧道外化蛹	黑色至黑褐色，在隧道外化蛹	白色，在隧道内的末端化蛹，并有气孔

12.5 防治技术

（1）农业防治　①在秋冬季节的节能日光温室种植非寄主植物，如百合科和伞形花科等耐寒作物。②在育苗前对育苗棚室做消灭虫源的处理，并设置安装防虫网。在夏季高温闷棚处理。③在斑潜蝇为害重的地区，将斑潜蝇嗜好的瓜类、茄果类、豆类与其不为害的作物进行套种或轮作；收获后及时清洁田园，把被斑潜蝇为害作物的残体集中深埋、沤肥或烧毁。

（2）物理防治　①高温闷棚方法是在定植前拔出棚室内前茬残株和杂草、加盖防虫网修补漏棚膜后密闭棚室7～10d。②定植后及时悬挂黄板监测成虫出现。

（3）生物防治　释放豌豆潜蝇姬小蜂 *Diglyphus isaea* Walker，平均寄生率可达78.8%。

（4）化学防治　喷洒20%灭蝇胺可湿性粉剂2 000倍液、1.8%阿维菌素乳油3 000倍液、10%溴虫腈悬浮剂1 000倍液、4.5%高效氯氰菊酯乳油1 500倍液、70%吡虫啉水分散粒剂5 000倍液、25%噻虫嗪水分散粒剂3 000倍液、0.5%印楝素乳油800倍液、1%苦参碱2号可溶性液剂1 200倍液，也可使用25%噻虫嗪悬浮剂3 000倍液或10%吡虫啉可湿性粉剂1 000倍液灌根。

13

小菜蛾和葱须鳞蛾

13.1 小菜蛾 *Plutella xylostella*（Linnaeus）

小菜蛾属鳞翅目 Lepidoptera，菜蛾科 Plutellidae，幼虫俗称小青虫、两头尖、吊丝鬼。该虫是分布最广泛的世界性害虫之一。在我国长江流域和南方沿海地区为害最严重。寄主植物主要是十字花科蔬菜、中药材和杂草，主要为害甘蓝、紫甘蓝、青花菜、薹菜、芥菜、花椰菜、白菜、油菜、萝卜等。

【形态特征】

成虫：体长 6 ~ 7mm，翅展 12 ~ 16mm，前后翅细长，缘毛很长，前翅后缘呈黄白色三度曲折的波浪纹，两翅合拢时呈 3 个接连的菱形斑，前翅缘毛长并翘起如鸡尾状（图 13-1A）。触角丝状，白色有褐纹（图 13-1B），静止时向前伸。雌虫较雄虫肥大，腹部末端圆筒状，雄虫腹末圆锥形，抱握器微张开。

图 13-1　成虫侧面观
（A.翅上的 3 个连接的菱形斑　B.触角）

图 13-2　成虫前翅后缘

卵：椭圆形，稍扁平，长约 0.5mm，宽约 0.3mm，初产时淡黄色，有光泽（图 13-3 和图 13-4）。

图13-3　卵

图13-4　被赤眼蜂寄生的卵

幼虫：初孵幼虫深褐色，后变为绿色（图13-5）。末龄幼虫体长10～12mm，纺锤形，体上生稀疏长而黑的刚毛（图13-6A和图13-7A）。头部黄褐色（图13-6B），前胸背板上有淡褐色无毛的小点组成两个U形纹。臀足向后伸超过腹部末端，腹足趾钩单序缺环（图13-6和图13-7）。

图13-5　低龄幼虫

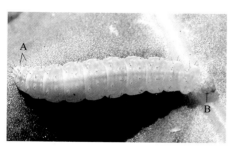

图13-6　幼虫背面观
（A.刚毛　B.头部）

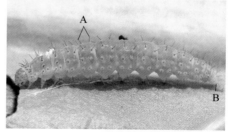

图13-7　幼虫侧面观
（A.刚毛　B.腹足）

蛹：体长5～8mm，黄绿至灰褐色，外被丝茧极薄如网，两端通透（图13-8和图13-9）。

图13-8　化蛹初期

图13-9　蛹后期

【生活习性】

小菜蛾全国各地普遍发生，1年发生4～22代不等。在北方发生4～5代，长江流域9～14代，华南地区17代，台湾地区18～19代，广东和海南20～22代。

全年为害盛期在不同地区存在差异，东北、华北地区以5～6月和8～9月为害严重，春季重于秋季。在新疆7～8月为害最重。在南方以3～6月和8～11月是发生盛期，秋季重于春季。

该虫在北方地区的越冬问题存在争论，但大部分作者认为不能越冬，作者田间罩笼试验也有同样结论。至于春季在北京郊区的枯枝落叶发现活蛹，可能是随保护地中清理出来或从保护地爬到附近化蛹或误将葱须鳞蛾蛹错划有关。文献报道越冬北线在河南驻马店与湖北武汉之间。在华南及以南地区终年可见各虫态，无越冬现象。

小菜蛾成虫具有远距离迁飞习性，迁飞路径主要有两条，一是东南的太平洋气流路径，二是西南的印度洋气流方向。在北京地区每年春季4月下旬至5月上、中旬自南方随暖湿气流迁飞而来，一般蛾高峰期出现在5月5日至15日。作者怀疑此时的虫源并非来自南方广大蔬菜产区，而是来自中部的油用油菜产区，因为在四川、湖南、湖北、安徽等地存在大面积的油用油菜，其上存在大量小菜蛾，严重者每平方米可达上万头，每667m^{2}地可达千万头，有的县种植面积达6 667～13 333hm^2。培养大量虫源，这批虫源在收获前5～15d陆续迁飞他处寻找生存场所。

成虫昼伏夜出，白昼多隐藏在植株丛内，日落后开始活动。有趋光性，以晚7：00～11：00时是扑灯的高峰期。

成虫羽化后即可交尾，交尾的雌蛾当晚即产卵。卵多产在芽、嫩叶和嫩枝上；雌虫寿命较长，产卵历期也长。每头雌虫平均产卵200余粒，多的约600粒。卵散产，偶尔3～5粒在一起。幼虫性活泼，初孵幼虫钻入叶片背面的海绵组织里面钻蛀取食0.8～1cm长的叶肉，留下表皮，在菜叶背面形成一条条细长的隧道。二龄时钻出隧道，隐藏在叶背取食为害，造成菜叶缺刻；三至四龄幼虫可将菜叶食成孔洞和缺刻，严重时全叶被吃成网状。在苗期常集中心叶为害，影响包心。在留种株和油用油菜上，为害嫩茎、幼荚和籽粒，影响结实。受惊扰时可扭曲身体后退；或吐丝下垂，待平静后再爬至叶上。

小菜蛾生态适应性强，冬天能挺过短期−15℃的严寒，在−1.4℃的环境中还能取食活动。夏天能熬过35℃以上酷暑，但夏天的暴雨能大量地杀死各虫态。小菜蛾发育最适温度为20～30℃。小菜蛾喜干旱条件，潮湿多雨对其发育不利。十字花科蔬菜栽培面积大、连续种植，管理粗放都有利于此虫发生。在适宜条件下，卵期3～11d，幼虫期12～27d，蛹期8～14d。越冬代成虫产卵期可达90d。

小菜蛾的抗药性非常强，由于长年使用化学农药防治，大量杀伤天敌，小菜蛾为害日渐猖獗，对各类化学农药产生了极高水平的抗性，20世纪90年代成为十字花科蔬菜第一大害虫。

小菜蛾自然天敌资源丰富，有捕食性蛙类、鸟类、步甲、虎甲、隐翅虫、胡蜂、马蜂、蜘蛛、蝎蝽等；其中蜘蛛种类最多，其次是瓢虫和隐翅虫。寄生性天敌有姬蜂、茧蜂、小蜂等。其中寄生卵的有玉米螟赤眼蜂、螟黄赤眼蜂 Trichogramma chilonis Ishii 和短管赤眼蜂 Trichogramma pretiosum Riley；寄生幼虫的有81种，其中菜蛾盘绒茧蜂 Cotesia vestalis Haliday（图13-10）、半闭弯尾姬蜂 Diadegma semiclausum Hellén 是优势种；蛹期寄生蜂有21种，其中菜蛾奥啮小蜂 Oomyzus

图13-10　菜蛾盘绒茧蜂成虫

sokolowskii（Kurdjumov）和颈双缘姬蜂*Diadromus colaris*（Gravenhors）是优势种。

13.2 葱须鳞蛾*Acrolepiopsis sapporensis*（Matsumura）

葱须鳞蛾属鳞翅目Lepidoptera，雕蛾科Glyphipterigidae，又名葱菜蛾、苏邻菜蛾。

该虫在我国北方各省份均有分布。是百合科蔬菜的重要害虫。主要寄主植物有蒜、韭菜、葱、洋葱等百合科蔬菜及野生植物。以幼虫在蒜、葱叶夹缝处蛀食，严重的致心叶变黄，叶和花薹多从伤口处断折，降低产量和品质。以老韭菜和种株受害最重。

【形态特征】

成虫：体长4 ~ 4.5mm，翅展11 ~ 12mm，全体呈黑褐色，下唇须前伸并向上弯曲，第2节向末端逐渐膨大。触角丝状，长度超过体长的一半。前翅黄褐色至黑褐色。翅前缘有5条浅褐色不明显的斜纹，翅后缘基部1/3处附近有1个三角形白斑。

卵：长圆形，初产乳白色发亮，后变浅褐色。

幼虫：老熟幼虫体长约10mm，细长圆筒形，黄绿色至绿色（图13-11和图13-12）。

图13-11　幼虫侧面观　　　　　图13-12　幼虫背面观

蛹：体长7mm左右，纺锤形，老熟时深褐色，外被白色丝状网茧（图13-13）。

图13-13　蛹

图13-14　大蒜叶片被害状

【生活习性】

在北方一年发生5～6代，以成虫在越冬韭菜干枯叶丛或杂草下越冬，5月上旬成虫开始活动，5月下旬幼虫开始为害，各代发育不整齐，从春到秋均有为害，以8月为害严重。从卵至成虫世代历期为25～48d。在陕西，该虫6月后虫口渐增，8月达到高峰，11月露地不再发生。在山东，成虫盛见于8月下旬至9月上旬，可延续到10月。成虫羽化后需补充营养才交尾产卵，卵散产于韭叶上。孵出幼虫咬叶成纵沟并向茎部蛀食（图13-14），但不侵入根部，常把虫粪留于叶基部分叉处。幼虫性活泼，受惊即吐丝下垂。老熟时在叶片中部吐丝作茧化蛹。

13.3 区别特征

小菜蛾和葱须鳞蛾虽然属于不同的科，葱须鳞蛾的越冬蛹容易和小菜蛾的蛹混淆，二者田间鉴别的主要方法是寄主植物，小菜蛾寄主是十字花科作物，葱须鳞蛾是百合科的葱、蒜、韭菜等。形态上的区别特征如下：

小菜蛾	VS	葱须鳞蛾
前翅后缘有3个黄白色三度曲折的波浪纹，触角白色有褐纹 触角 波浪纹	成虫	全体黑褐色，触角丝状超过体长之半，翅后缘基部1/3处附近有1个三角形白斑
纺锤形，两头尖，臀足后伸超过腹部末端	幼虫	近纺锤形，两头不明显尖，臀足后伸超过腹部末端
黄绿至灰褐色，外被网状薄茧	蛹	黄绿至灰褐色，外被网状薄茧，与小菜蛾容易混淆

13.4 防治技术

（1）农业防治　合理布局，尽量避免大范围内十字花科蔬菜周年连作，以免虫源周而复始，对苗田加强管理；收获后，要及时处理残株败叶可消灭大量虫源。

（2）物理防治　诱杀成虫。趋性诱杀包括性诱剂和黑光灯诱杀成虫；性诱剂诱杀是每667m^{2}设置4～5个小菜蛾诱盆，每个生长季更换1～2次诱芯；黑光灯诱杀是在成虫发生初始期在田间设置黑光灯。

（3）生物防治　防治小菜蛾可释放寄生性天敌半闭弯尾姬蜂、菜蛾奥啮小蜂和赤眼蜂，释放后15d内禁止使用化学药剂。

（4）化学防治　选用8000IU/mL Bt乳剂800倍液、6%乙基多杀菌素悬浮剂1000倍液、2%甲氨基阿维菌素苯甲酸盐乳油2 000～3 000倍液、5%氯虫苯甲酰胺悬浮剂3 000倍液、30%唑虫酰胺悬浮剂2 000倍液进行防治、24%虫螨腈悬浮剂2 000～3 000倍液、15%茚虫威悬浮剂2 000～3 000倍液、25%丁醚脲乳油1 500～2 000倍液进行防治，效果显著。

温馨提示

　　注意交替使用或混合配用，以减缓抗药性的产生。

14 菜粉蝶和云粉蝶

14.1 菜粉蝶 *Pieris rapae*（Linnaeus）

菜粉蝶属鳞翅目 Lepidoptera，粉蝶科 Pieridae，又称菜白蝶、白粉蝶、菜白蝶和小菜粉蝶；幼虫又称菜青虫；是十字花科蔬菜、油料及药材的重要害虫。现已分布于世界各大洲，在我国的各省份均有分布。

【形态特征】

成虫：体长12～20mm，翅展35～55mm，体灰黑色；头大，额区密被白色及灰黑色长毛；眼大，圆凸，裸出，赭褐色。胸、腹部密被白色至灰黑色长毛；翅白色。雌虫前翅顶角有1个大三角形黑斑（图14-1A和图14-1B），前缘和基部大部分灰黑色（图14-1B），中室外侧有2个黑色圆斑，前后并列（图14-1C）。后翅基部灰黑色，前缘有1个黑斑。雄蝶翅颜色较白，基部黑色部分小，前翅近后缘的圆斑不明显，顶角的三角形黑斑较小。成虫有春型和夏型之分，春型翅面黑斑小或消失，夏型黑斑明显。

图14-1　雌成虫
（A.前翅顶角黑斑　B.前翅前缘和基部　C.前翅中室外侧的2个黑色圆斑）

卵：淡黄至橙黄色，高约1mm，炮弹形，表面具纵横网格（图14-2）。

幼虫：分为5龄，老熟时体长28～35mm，初孵幼虫灰黄色（图14-3），后变青绿色（图14-4），背部有一条不明显黄色纵线，气门线黄色，每节的线上有两个黄斑（图14-5A），老熟时体长35mm，圆筒形，体背密被黑色小瘤突（图14-5B），上生细绒毛（图14-5C）。各体节有横皱纹（图14-5D）。

蛹：体长18～21mm，纺锤形，体色由初化蛹时绿色逐渐变为灰黄色至褐色；背部有3条纵隆线（图14-6A）和3个角状突起（图14-6B）。头部前端中央有1个短而直的管状突起（图14-6C）。

图14-2　卵

10

图14-3　初孵幼虫

图14-4　二龄幼虫

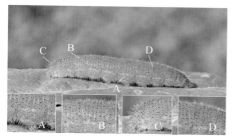

图14-5　老熟幼虫
（A.黄斑　B.黑色小瘤突　C.细绒毛　D.横皱纹）

图14-6　蛹
（A.多条纵隆线　B.3个角状突起　C.管状突起）

【生活习性】

该虫在我国的年发生世代数由北至南逐渐增加，黑龙江年发生3～4代，华北4～5代，上海5～6代，浙江7～8代，长沙8～9代，广州12代。除北回归线附近地区可周年繁殖外，北方各地均以蛹在墙缝、屋檐、篱笆等处越冬。成虫喜欢在白天强光下飞翔，在花间吸蜜。

图14-7　幼虫为害甘蓝

在华北地区，翌年4月中、下旬越冬蛹羽化，5月达到羽化盛期。第1代幼虫于5月上、中旬出现，5月下旬至6月上旬是春季为害盛期。第2、3代幼虫出现于7～8月，因天热虫量少。8月以后，气温下降，适合秋菜生长，该虫危害加重（图14-7）。8～10月是第4、5代幼虫为害盛期，10月中、下旬以后老幼虫陆续化蛹越冬。

成虫白天在有花植物间飞翔取食补充营养，并寻找适合的寄主产卵，大部分产卵在叶背面，少数产在正面。散产，每次只产1粒，每头雌虫一生平均产卵百余粒；多者可达500粒。初孵幼虫先取食卵壳，然后再取食叶片。

菜粉蝶发育温度为16～31℃，相对湿度为50%～70%；最适宜发育适温为20～25℃，相对湿度65%。卵的发育起点温度8.4℃，有效积温56.4℃，发育历期4～8d；幼虫的发育起点温度6℃，有效积温217℃，发育历期11～22d，蛹的发育起点温度7℃，有效积温150.1℃，发育历期（越冬蛹除外）5～16d，成虫寿命约5d，世代发育有效积温423.5℃。

越冬蛹的羽化时间各地不同，辽宁兴城为5月上旬至6月上旬，北京为4月中旬至5月中、下旬，江苏南京、湖北武昌3月中旬至4月中、下旬，江西南昌、湖南长沙为2月中、下旬至4月上、中旬。菜粉蝶喜欢温暖少雨的气候条件，随着春季温度的升高，种群逐渐增殖，至春夏交接季节虫口数量达到高峰，为害最重，夏季炎热多雨时种群迅速下降。

菜粉蝶的天敌很多，已知天敌近百种。其中常见的寄生蜂有42种，包括卵期的广赤眼蜂 *Trichogramma evanescens* Westwood、螟黄赤眼蜂

Trichogramma chilonis Ishii等；广赤眼蜂是北方优势种，拟澳洲赤眼蜂是南方优势种。幼虫期寄生蜂有粉蝶盘绒茧蜂*Cotesia glomeratus*（Linnaeus）（图14-8和图14-9）、微红盘绒茧蜂*Cotesia rubecula*（Marshall）（图14-10和图14-11）等；粉蝶盘绒茧蜂是优势种。蛹和幼虫寄生蜂有蝶蛹金小蜂

图14-8　粉蝶盘绒茧蜂成虫

图14-9　粉蝶盘绒茧蜂寄生菜青虫

图14-10　微红盘绒茧蜂寄生菜青虫

图14-11　微红盘绒茧蜂茧

Pteromalus puparum（Linnaeus）（图14-12）、广大腿小蜂*Brachymeria lasus*（Walker）（图14-13）、粉蝶大腿小蜂*Brachymeria femorata*（Panzer）（14-14）和舞毒蛾黑瘤姬蜂*Pimpla disparis* Viereck等；其中蝶蛹金小蜂是我国广大地区蛹期寄生蜂的优势种。寄生蝇有日本追寄蝇

图14-12　蝶蛹金小蜂

图14-13　广大腿小蜂

图14-14　粉蝶大腿小蜂

Exorista japonica Townsend、家蚕追寄蝇*Exorista sorbillans* Wiedemann、毛虫追寄蝇*Exorista rossica* Mesnil和普通常怯寄蝇*Phryxe vulgaris*（Fallén）。捕食性天敌49种，有捕食幼虫的赤胸步甲*Dolichus halensis*（Schaller）、曲纹筒虎甲*Cylindera elisae*（Motschulsky）、青翅隐翅虫*Paederus fuscipes* Curtis、蠋蝽*Arma chinensis*（Fallou）、多毛沙泥蜂*Ammophila hirsute* Scop.、胡蜂、马蜂及捕食性蜘蛛等。病原微生物有苏云金芽孢杆菌*Bacillus thuringiensis* subsp. *thuringiensis*、青虫菌*Bacillus thuringiensis* subsp. *galleriae*、菜青虫颗粒体病毒和白僵菌，另外还有菜粉蝶六索线虫*Hexamermis pieris*。这些天敌对菜粉蝶的种群增长起着重要控制作用。保护和利用这些天敌的自然控制作用也是控制为害的重要组成部分。

14.2 云粉蝶*Pontia daplidice*（L.）

云粉蝶属鳞翅目Lepidoptera，粉蝶科Pieridae，又名云斑粉蝶、花粉蝶、朝鲜粉蝶。分布地域除福建、台湾、广东、海南未见外，其他各省均有。喜食的作物为油菜、甘蓝、花椰菜、白菜等十字花科蔬菜及野生植物，常与菜粉蝶一起混合发生。

【形态特征】

成虫：体长15～18mm，灰黑色，翅展40～48mm，翅白色。雌蝶前翅黑斑均比雄蝶大，并且在中央黑斑至后缘之间还有1块黑斑（图14-15A），后翅外缘有1列黑斑（图14-15B）。雄蝶前翅顶角有一群黑斑（图14-15C），中央横脉处有1块黑斑（图14-15D），后翅背面黑斑隐约可见（图14-16）。

图14-15　成虫正面观
（A.前翅中央黑斑至后缘的黑斑　B.后翅外缘
黑斑　C.前翅顶角黑斑　D.中央横脉黑斑）

图14-16　成虫背面观

卵：呈竖起的短炮弹状，表面具纵横网格。

幼虫：老熟幼虫体长约30mm，蓝灰色，头部及体表散布紫黑色突起（图14-17A），上有短毛（图14-17B），胴体具黄色背线和气门线（图14-17C）。

蛹：与菜粉蝶相仿，但体表散布有黑斑（图14-18）。

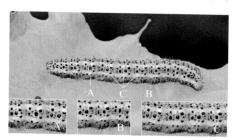

图14-17　老熟幼虫
（A.紫黑色突起　B.短毛　C.黄色背线和气门线）

图14-18　越冬蛹

云粉蝶主要分布于我国北方地区，在华北地区年发生3～4代，以蛹越冬。与菜粉蝶混杂发生，但不同年份不同地区所占比例有所差异，属零星发生。一般不单独采取措施防治。

14.3 区别特征

菜粉蝶和云粉蝶的田间鉴别特征较容易区分，菜粉蝶胴体绿色，只有气门线黄色；云粉蝶胴体花色鲜艳美丽。菜粉蝶和云粉蝶区别特征如下：

菜粉蝶	VS	云粉蝶
前翅顶角有1个大三角形黑斑，中室外侧有2个黑色圆斑	成虫	前翅顶角有一群黑斑，翅中央有1个黑斑，下方至后缘方向还有1个黑斑
体绿色，密被细绒毛，气门线黄色，每节的线上有2个黄斑	幼虫	体蓝灰色，头部及体表布满紫黑色突起，上有短毛，酮体的胸腹部具黄色背线和气门线
体背部有3条纵隆线和3个三角形突起	蛹	体背部与菜粉蝶相仿，但体表散布有黑斑

14.4 防治技术

（1）农业防治　清洁田园，十字花科蔬菜收获后，及时清除田间残株老叶和杂草，减少菜青虫繁殖场所和消灭部分蛹。深耕细耙，减少越冬虫源。

（2）生物防治　①人工释放广赤眼蜂，在第二代卵初始高峰期后的1～10d内分3次释放，每次每667m²释放2万头，结合喷洒苏云金芽孢杆菌防控效果突出。②施用微生物制剂，在发生盛期用每克含活孢子数100亿以上的青虫菌或8000IU/g苏云金杆菌可湿性粉剂800倍液喷雾，10 000PIB/g菜青虫颗粒体病毒可湿性粉剂400～600倍液喷雾。

（3）化学防治　可选用高效低毒化学药剂进行防治，如1%甲氨基阿维菌素苯甲酸盐乳油3 000倍液、20%灭幼脲悬浮剂800倍液、4.5%高效氯氰菊酯乳油1 500倍液、10%虫螨腈悬浮剂2 000～2 500倍液、24%甲氧虫酰肼悬浮剂2 000～2 500倍液。

温馨提示

　　在我国春、秋两季，菜粉蝶与小菜蛾、甜菜夜蛾、斜纹夜蛾等常混合发生，应根据当地主要害虫种类及其抗药性现状，选用敏感杀虫剂防治主要害虫并兼治其他害虫。

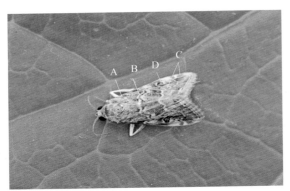

15 菜螟和瓜绢螟

15.1 菜螟 *Hellula undalis*〔Fabricius〕

菜螟属鳞翅目Lepidoptera，草螟科Crambidae，又叫萝卜螟、甘蓝螟、白菜螟、菜心野螟、卷心菜螟等。在我国的北京、河北、河南、山西、陕西、甘肃、内蒙古、山东、江苏、浙江、安徽、江西、湖南、湖北、广东、广西、四川、云南、福建、台湾等地均有分布。还分布于日本、东南亚、南亚、欧洲、非洲、澳大利亚。主要以幼虫为害白菜、萝卜、甘蓝、花椰菜、芜菁、雪里蕻、榨菜、菠菜等。其中，白菜、萝卜、甘蓝受害最重。

【形态特征】

成虫：体灰褐色，体长7mm，翅展15mm。前翅亚基线波纹状（图15-1A）；内横线锯齿状，具暗褐色镶边（图15-1B）；外横线白色，中间部位向翅缘方向弧形凸出（图15-1C）；中室端有一黑色肾型斑，外缘镶有白边（图15-1D）。翅顶角处有一暗褐色斑纹。

图15-1　成虫
（A.前翅亚基线　B.前翅内横线　C.前翅外横线　D.前翅中室肾型斑）

卵：椭圆形，扁平，长约0.3mm，表面有不规则的网纹，初产时呈淡黄色，后来出现红色斑点，孵化前为橙黄色。

幼虫：老熟幼虫体长12～14mm。头部黑色（图15-2A）；前胸背板黄褐色（图15-2B），上具不规则黑褐色斑；胴部浅黄色，背线、亚背线及气门上线褐黄色（图15-2C）。各体节毛片上着生细长刚毛，前胸气门前侧下方毛片上有2根刚毛（图15-3）。

蛹：体长7～9mm，黄褐色，腹部背面有5条纵线隐约可看到，蛹体外有丝茧，茧长椭圆形。

图15-2　幼虫
（A.头部　B.前胸背板
C.背线、亚背线气门上线）

图15-3　幼虫前胸气门前2根刚毛

【生活习性】

成虫昼伏夜出，白天隐藏在叶背面等阴凉处，夜间出来活动，但飞翔能力弱，有趋光性。成虫羽化和交尾多在夜间，交尾后2d即可产卵；卵产在叶片和茎上，常2～5粒聚在一起，以心叶为最多，每头雌虫产卵80粒～200粒；卵历期3～10d。幼虫共5龄，发育历期11～26d。

幼虫孵化后昼夜取食，多数潜入叶内，啃食叶肉，形成袋状隧道；二龄后钻出叶外，在叶面活动取食；三龄后钻入菜心，吐丝缀叶，躲在里面取食菜心和生长点，使幼苗停止生长；四龄或五龄向上蛀入叶柄或向下蛀食茎髓或根部。被害田块可造成缺苗断垄。幼虫老熟后多在表土层做茧化蛹，也有的在枯枝落叶下或叶柄基部间隙中化蛹。9月底或10上旬开始越冬。

菜螟在各地发生代数不同，在北京、河北、山东年发生3～4代，河南年发生5～6代，上海年发生6～7代，广西柳州年发生9代，大多数以老熟幼虫在地面吐丝缀合泥土枯叶做成丝囊越冬，少数以蛹越冬。翌年春季，越冬幼虫入土作茧化蛹，蛹期4～9d。

菜螟适宜生长发育温度为15～38℃，最适宜的温度26～35℃，相对湿度40%～70%，干旱少雨年份发生较重，秋季危害最重。各代幼虫发生期：第1代7月至9月中旬，第2代8月下旬至9月下旬，第3代9月下旬至10月上旬。各代多有世代重叠。

菜螟寄生性天敌昆虫主要有凹眼姬蜂 *Casinaria infesta*（Cresson）、弯尾姬蜂 *Diadegma* sp.、夏威夷齿腿姬蜂 *Pristomerus hawaiiensis* Perkins、黄眶离缘姬蜂 *Trathala flavoorbitalis*（Cameron）、螟甲腹茧蜂 *Chelonus blackburni* Cameron、麦蛾茧蜂 *Habrobracon hebetor* Say和微小赤眼蜂 *Trichogramma minutum* Riley等。捕食性天敌主要有蜘蛛、猎蝽、鸟类和步甲。致病微生物有真菌、线虫等。决策防治时应给与充分保护，尽可能发挥其自然控制作用。

15.2 瓜绢螟 *Diaphania indica*〔Saunders〕

瓜绢螟属鳞翅目 Lepidoptera，草螟科 Crambidae 又称瓜绢野螟、瓜螟、瓜野螟。分布于河南、江苏、浙江、湖北、江西、四川、贵州、福建、广东、广西、云南及台湾等省（自治区）。主要寄主为黄瓜、丝瓜、西瓜、苦瓜、节瓜、甜瓜，还可取食茄子、番茄、马铃薯、酸浆、龙葵、常春藤、棉、木槿、梧桐等。幼虫为害寄主的叶片，能吐丝把叶片连缀，左右卷起，幼虫在卷叶内为害，严重时仅存叶脉，甚至蛀入果实及茎部。

【形态特征】

成虫：体长11mm，头、胸黑色（图15-4A），腹部第1～4节白色（图15-4B），第5、6节黑褐色；腹部末端有黄褐色毛丛（图15-4C）。前、后翅白色透明，略带紫色（图15-4D），前翅前缘和外缘、后翅外缘呈黑色宽带（图15-4E）。

卵：扁平，椭圆形，淡黄色，表面有网纹。

幼虫：末龄幼虫体长23～26mm，头部、前胸背板淡褐色（图15-5A），胸腹部草绿色，亚背线呈两条较宽的乳白色纵带（图15-5B），气门黑色。

图15-4　成虫
（A.头部、胸部　B.亚背线　C.腹部末端的黄
褐色毛丛　D.前后翅　E.前翅黑色宽带）

图15-5　幼虫
（A.头部及前胸背板　B.亚背线）

蛹：长约14mm，深褐色，外被薄茧。

【生活习性】

瓜绢螟在广州年发生5～6代，南昌4～5代，以老熟幼虫或蛹在寄主枯枝卷叶中越冬。广州地区幼虫在4～5月开始出现，6～7月虫口密度渐增，8～9月盛发，以夏植瓜受害最重，10月以后虫口密度下降，11月后进入越冬期。武汉地区以7月下旬至9月上旬为害最重；河南也以夏、秋季为害重。

成虫白天潜伏在瓜叶丛中或杂草等隐蔽场所，夜间活动，有弱趋光性。成虫多在夜间羽化，羽化后当天夜里至第二天午夜即可交尾并产卵。卵散产或数粒在一起，多产在叶片背面，每雌可产卵300～400粒。卵期5～7d。幼虫孵化时，先取食叶片背面的叶肉，被食害的叶片有灰白色斑块；三龄后即吐丝将叶片缀卷一起，躲在缀叶中为害，可吃光全叶，只剩叶脉，或蛀入幼果及花中为害，也可潜蛀瓜藤。幼虫较活泼，遇惊即吐丝下垂，转移他处为害。幼虫老熟后在被害卷叶内做白色薄茧化蛹，或在根际表土中化蛹。

瓜绢螟对温度适应范围很广，在15～35℃均能生长发育，最适宜温度为26～30℃。喜欢高湿环境，相对湿度低于70%不利于幼虫活动。在室内饲养条件（温度28.5℃、湿度80%～90%）下，卵期3～5d，幼虫期9～14d，蛹期6～8d，成虫寿命6～14d。

瓜绢螟的捕食性天敌有19种；其中包括步甲7种，捕食蜂类2种，螳螂1种，蜻蜓2种，蜘蛛6种。寄生性天敌有20种，包括卵寄生蜂3

种，幼虫寄生蜂14种，蛹期寄生蜂4种。还有寄生性微生物3种；即苏云金芽孢杆菌*Bacillus thuringiensis*、莱氏野村菌*Nomuraea rileyi*和瓜螟核型多角体病毒。国内记载的寄生蜂主要有5种，分别是卵期寄生蜂拟澳洲赤眼蜂*Trichogramma confusum* Viggiani；幼虫期寄生蜂瓜螟绒茧蜂*Apanteles taragamae* Viereck、小室姬蜂*Scenocharops* sp.、广黑点瘤姬蜂*Xanthopimpla punctata*（Fabricius）、扁股小蜂*Elasmus philippenensis* Ashmead。其中拟澳洲赤眼蜂是优势种类，每年8～10月对卵的平均寄生率可达50%以上，最高可接近全部寄生。适宜温度为日平均17～28℃，扁股小蜂更适宜较低温度环境，以10～11月及翌年3月寄生率较高。瓜螟绒茧蜂在杭州11月寄生较多。决策防治时应给与充分保护，尽可能发挥其自然控制作用。

15.3 区别特征

菜螟和瓜绢螟的田间直观区别特征一是寄主不同，菜螟只为害十字花科作物，瓜绢螟只为害瓜类作物。二者形态特征区别特征如下：

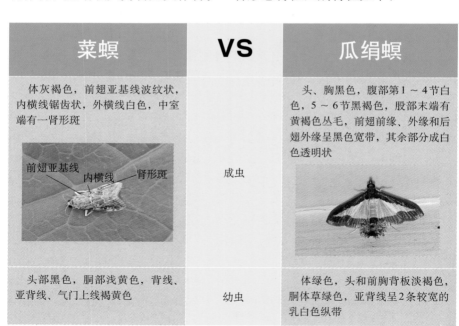

菜螟	**VS**	瓜绢螟
体灰褐色，前翅亚基线波纹状，内横线锯齿状，外横线白色，中室端有一肾形斑	成虫	头、胸黑色，腹部第1～4节白色，5～6节黑褐色，股部末端有黄褐色丛毛，前翅前缘、外缘和后翅外缘呈黑色宽带，其余部分成白色透明状
头部黑色，胴部浅黄色，背线、亚背线、气门上线褐黄色	幼虫	体绿色，头和前胸背板淡褐色，胴体草绿色，亚背线呈2条较宽的乳白色纵带

15.4 防治技术

（1）农业防治　轮流交替栽种非寄主作物，截断食物链；收获后及时清理残株落叶集中销毁处理灭虫源。

（2）物理防治　田间设置灯光诱杀成虫；设置防虫网阻止成虫进入；换茬时深翻土壤灌水，保护地进行高温闷棚。

（3）生物防治　①适合瓜绢螟的保护利用自然天敌；具体做法是结合田间管理人工摘除卷曲的虫叶，或将所摘卷叶放在寄生蜂保护器中，使害虫无法逃走，寄生蜂能安全返回田间。②从卵初始高峰期释放赤眼蜂，连续释放3次，每次间隔3～5d；第一次放蜂量为总量的30%，第二次在卵高峰期，释放量为总量60%，第三次为10%；总蜂量在每667m² 释放4万～5万头。③在卵盛期应用1.6亿/克活孢子苏云金杆菌可湿性粉剂800倍液或0.36%苦参碱水剂800倍液进行喷雾。瓜绢螟还可以使用瓜螟核型多角体病毒，用量为 $1 \times 10^6 PIB/hm^2$ 或 $3 \times 10^9 IJs/hm^2$ 斯氏线虫兑水喷洒，防治效果较好。

（4）化学防治　喷药时期应掌握在幼虫低龄期进行。效果好的药剂有5%氯虫苯甲酰胺悬浮剂1 000倍液、24%甲氧虫酰肼悬浮剂2 000～2 500倍液、6%乙基多杀菌素2 000倍液、1.8%阿维菌素乳油2 000倍液、10%虫螨腈悬浮剂2 000～3 000倍液、24%氰氟虫腙2 000～2 500倍液喷雾。喷药时期应严格遵守安全间隔期。

16 豆荚野螟

豆荚野螟 *Maruca testulalis* 属鳞翅目 Lepidoptera，草螟科 Crambidae，又名豇豆荚螟、豆野螟、豇豆螟、豆卷叶螟。

该虫在我国的分布北起吉林、内蒙古、南至台湾、广东、广西、云南等省、市、自治区。寄主植物为豆科植物。主要为害豇豆、菜豆、扁豆、豌豆和蚕豆等。

【形态特征】

成虫：体长约13mm，翅展24 ～ 26mm，暗黄褐色。前翅狭长，基线与外横线间有2个白色透明斑（图16-1A），从前缘至后缘沿外横线有一条白色纵带（图16-1B），近翅基1/3处有一条金黄色宽横带。后翅黄白色，沿外缘褐色。

卵：扁平，椭圆形，淡绿色，表面具六角形网状纹。

幼虫：末龄幼虫体长约18mm，体黄绿色（图16-2），头部及前胸背板黄褐色（图16-3和图16-4），中、后胸背板上有黑褐色毛片6个，前列4个，各具2根刚毛，后列2个无刚毛（图16-5A），腹部各节背面具同样毛片6个，各自只生1根刚毛（图16-5B）。

图16-1　成虫
（A.白色透明斑　B.白色纵带）

图16-2　幼虫钻蛀豆荚

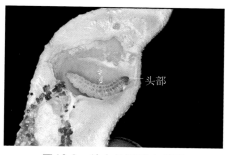

图16-3　幼虫从豆荚中剖出

图16-4　幼虫侧面观

图16-5　幼虫背面观
（A.中、后胸背板毛片　B.腹部毛片）

图16-6　豆荚被害状

蛹：体长13mm，黄褐色。头顶突出，复眼红褐色。羽化前在褐色翅芽上能见到成虫前翅的透明斑。

【生活习性】

在华北地区年发生3～4代，华中地区4～5代，以蛹在土中越冬，每年6～10月为幼虫为害期。

成虫有趋光性，卵散产于嫩荚、花蕾和叶柄上，卵期2～3d。幼虫共5龄，初孵幼虫蛀入嫩荚或花蕾取食，造成蕾、荚脱落；三龄后蛀入荚内食害豆粒（图16-5），每荚1头幼虫，少数2～3头，被害荚（图16-6）在雨后常致腐烂。幼虫有昼伏夜出及背光的习性，白天幼虫躲在花器、豆荚或卷叶中，排出虫粪堵住蛀孔。除阴雨天、白天有零星幼虫出来活动外，一般幼虫都是在傍晚时分开始从虫孔陆续爬出来活动，晚8：00～10：00达到高峰，晚10：00以后逐渐减少，至次日晨7：00终止外出活动。幼虫老熟后，离开取食场所，沿植株上爬，或吐丝下垂，或随花坠地，钻入浅土中或枯叶下的荫蔽处结茧化蛹。幼虫期8～10d。蛹期4～10d。

豆荚野螟对温度适应范围广，7～31℃都能发育，但最适温为28℃，相对湿度为80%～85%。

【防治技术】

（1）农业防治　①合理轮作，避免豆科植物连作。②清除田间落花、落荚，并摘除被害的卷叶和豆荚，减少虫源。③在水源方便的地区，可在秋、冬季灌数次，提高越冬幼虫的死亡率。

（2）物理防治　在田间架设黑光灯，每公顷架设15盏诱杀成虫，效果显著。

（3）生物防治　①保护利用天敌，在产卵始盛期可释放赤眼蜂，进行防治。②老熟幼虫入土前，田间湿度高时，用白僵菌粉剂。但家蚕养殖区不能使用；菌液要随配随用，存放时间不宜超过2h，不能与杀菌剂混用。③卵孵化盛期或害虫发生初期，用Bt乳剂（每克100亿个孢子）500倍液喷雾。

（4）化学防治　使用20%氯虫苯甲酰胺悬浮剂5 000倍液、6%乙基多杀菌素悬浮剂3 000倍液、20%氟虫双酰胺水分散粒剂3 000倍液、1%甲氨基阿维菌素苯甲酸盐乳油3 000倍液进行喷雾防治。

大造桥虫

大造桥虫Asctis selenaria Schiffermuller et Denis属鳞翅目Lepidoptera，尺蛾科Geometridae，又名步曲、量尺虫。广泛分布于全国各省份，国外分布于日本、朝鲜、印度、斯里兰卡、俄罗斯及欧洲、非洲等地，是蔬菜、大田和果树的害虫。幼虫取食十字花科的大白菜、萝卜、油菜、辣椒、茄子、胡萝卜、豆类、花生及芦笋，亦可为害苹果、梨、草莓及棉花等作物。

【形态特征】

成虫：体长15～20mm，翅展38～45mm。体色变异很大，有黄白、淡黄、淡褐和浅灰褐色。前翅内横线（图17-1A）、外横线（图17-1B）、外缘线和亚外缘线呈黑褐色波状纹，后翅也有两条波纹，前、后翅中室端各具1个星状斑纹（图17-1C）。雌虫触角丝状，雄虫触角羽状。秋季成虫体色较深，线纹明显。

图17-1　成虫
（A.内横线　B.外横线　C.星状斑纹）

卵：椭圆形，长约1.8mm，出产时为青绿色，孵化前灰白色。

幼虫：老熟时体长38～49mm，体色多变，褐绿色（图17-2）至青白色（图17-3）；头黄褐至褐绿色。腹部第2腹节背面具1长形黑斑和红褐色毛瘤1对（图17-2A），第8腹节有横列小毛瘤1对（图17-2B），第3、4腹节背面各具条形黑褐色斑1个（图17-2C），气门筛黑色，围气门片淡黄色，胸足褐色，腹足两对生于第6、10腹节（图17-3），行走时身体拱起呈桥状。

蛹：长椭圆形，长10～14mm，赭褐色；触角与翅芽达腹部第四节后缘；第5腹节前缘两侧各有眼状斑1个，臀棘近三角形，其末端常有1个分叉的短刺。

蔬菜近似害虫识别图鉴

图17-2 褐绿色幼虫
（A.第2腹节长形黑斑和红褐色毛瘤 B.第8腹节小毛瘤 C.第3、4腹节背面黑褐色斑）

图17-3 绿色幼虫

图17-4 蛹

【生活习性】

成虫昼伏夜出，趋光性强，飞翔力弱。羽化后1～3d交尾，交尾时间在黄昏至黎明之间。交尾后1～2d产卵，卵多产在地面、土缝及草秆上，数十粒至上百粒成堆。每雌可产卵1 000～2 000粒，越冬代只产200余粒。卵多在清晨孵化。幼虫孵化后活动能力强，先从植株中下部选取嫩叶取食，留下表皮。四龄后进入暴食期，可将叶片吃成大片孔洞，严重者将植株吃成光杆。阴雨天和白天不取食。

年发生世代各地区不同，在北京年发生2～3代，6～7月为害最重。在江苏和安徽年发生5～6代，杭州6～7代，以6代为主；若10月平均气温在20℃以上，可能部分发生7代。各地均以蛹在树冠下土中越冬。在苏杭地区翌年3月初开始羽化出土，一般4月上、中旬第一代幼虫开始发生。第二代幼虫于5月下旬至6月上旬发生，第三代幼虫于6月中旬至7月上旬发生。7～9月可发生3代，10月幼虫陆续老熟入土化蛹。成虫寿命3～7d，卵期5～12d，各代不一。非越冬蛹历期7～13d，越冬蛹可长达5个月左右。以绿芦笋、胡萝卜和十字花科蔬菜发生较多。

该虫天敌种类较多，包括蟥类、螳螂类、寄生蜂类、蜘蛛类、病毒、白僵菌、拟青霉及鸟类等，是影响种群增殖的重要因素。

【防治技术】

（1）农业防治　收集处理残株落叶集中销毁。秋季深翻土地结合人工挖蛹消灭越冬虫源。

（2）物理防治　①大造桥虫卵为聚产，颜色明显，可以人工查找摘除卵块。②利用成虫趋光性特点，在田边悬挂黑光灯或频振式杀虫灯诱杀成虫，更容易达到防治效果。

（3）生物防治　利用自然天敌控制虫口数量，其主要天敌有麻雀、大山雀，中华大刀螂、二点螳螂及一些寄生蜂等。

（4）化学防治　掌握大造桥虫幼虫盛发期，低龄幼虫对药剂更为敏感，防治适期宜控制在三龄前，防治效果好。可选用90%敌百虫可溶性粉剂450倍液、2.5%溴氰菊酯乳油2 000倍液、20%甲氰菊酯乳油2 000～3 000倍液、1.8%阿维菌素乳油2 000倍液、25%除虫脲可湿性粉剂1 000倍液、6%乙基多杀菌素悬浮剂1 000～2 000倍液、1%甲氨基阿维菌素苯甲酸盐乳油3 000倍液、10%溴虫腈悬浮剂2 000倍液或Bt可湿性粉剂1 000倍液进行防治。

18 小地老虎和大地老虎

18.1 小地老虎 *Agrotis ipsilon* Hufnagel

小地老虎属鳞翅目Lepidoptera，夜蛾科Noctuidae，又名黑地蚕、切根虫、土蚕。

该虫为世界性分布，寄主植物广泛，达100多种，其中喜食的蔬菜有瓜类、茄果类、豆类和十字花科等10多种，是蔬菜作物上的重要害虫之一。

【形态特征】

成虫：体长17～23mm，翅展40～54mm。头、胸部背面暗褐色，足褐色，前足胫、跗节外缘灰褐色，中、后足各节末端有灰褐色环纹。前翅褐色，前缘区黑褐色，内横线（图18-1A）内方和外横线（图18-1B）外方多为淡茶褐色，外缘以内多暗褐色；基线浅褐色，环状纹（图18-2A），剑状纹黑色具黑边（图18-1C和图18-2B）及肾状纹（图18-1D），在肾状纹外侧凹陷处，有一明显的尖端向外的黑色三角形斑（图18-2D），中横线暗褐色波浪形，双线波浪形，外横线褐色，不规则锯齿形，亚外缘线灰色、其内缘在中脉间有3个尖齿，亚外缘线与外横线间在各脉上有小黑点，外缘线黑色，外横线与亚外缘线间淡褐色，亚外缘线以外黑褐色。后翅灰白色，纵脉及缘线褐色，腹部背面灰色。

卵：馒头形，直径约0.5mm、高约0.3mm，具纵横隆线。初产乳白色，渐变黄色，孵化前卵顶端具1个黑点。

幼虫：老熟幼虫体长37～50mm、宽5～6mm。头部褐色，具黑褐色不规则网纹；体灰褐至暗褐色，体表粗糙、布大小不一而彼此分离的颗粒（图18-3A），背线、亚背线及气门线均黑褐色；前胸背板暗褐色，黄褐色臀板上具两条明显的深褐色纵带（图18-4A）；腹部1～8节背面各节上 D_2 毛片比 D_1 毛片大1倍以上（图18-3B，18-5）；胸足与腹足黄褐色。

蛹：体长18～24mm，黄褐色至暗褐色，腹部第1～3节无明显横沟，第4腹节背侧面有3～4排刻点（圈状凹纹），第5～7腹节背面的刻点较侧面大，尾端黑色，背面有尾刺1对。

图18-1　成虫展翅
（A.内横线　B.外横线　C.剑状纹　D.肾状纹）

图18-2　成虫背面观
（A.环状纹　B.剑状纹
C.肾状纹　D.黑色三角形斑）

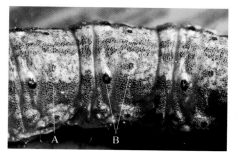

图18-3　幼虫毛片与瘤状突起
（A.体表颗粒及褐色纵带　B.D$_1$、D$_2$毛片）

图18-4　褐色三角形臀板

图18-5　体背毛片

【生活习性】

小地老虎年发生2～7代。西北地区和长城以北年发生2～3代，长城以南黄河以北年发生3代，黄河以南至长江沿岸年发生4代，长江以南年发生4～5代，南亚热带地区年发生6～7代。无论年发生代数多少，在生产上造成严重危害的均为第一代幼虫。南方越冬代成虫2月出现。

成虫的活动和温度有关，成虫白天不活动，傍晚至前半夜活动最盛，在春季夜间气温达8℃以上时即有成虫出现，但10℃以上时数量较多、活动增强；喜食酸、甜、酒味的发酵物、泡桐叶和各种花蜜，并有趋光性，对普通灯光趋性不强、对黑光灯极为敏感，有强烈的趋化性。具有远距离迁飞习性，春季由低纬度向高纬度，由低海拔向高海拔迁飞，秋季则沿着相反方向飞回南方；微风有助于其扩散，风力在4级以上时很少活动。全国大部分地区蛾盛期在3月下旬至4月上、中旬；宁夏、内蒙古为4月下旬。成虫的产卵量和卵期在各地有所不同，卵期随分布地区、世代和温度高低不同。成虫多在15：00～22：00羽化，白天潜伏于杂物及缝隙等处，黄昏后开始飞翔、觅食，3～4d后交尾、产卵。

卵散产于低矮叶密的杂草和幼苗上、少数产于枯叶、土缝中，近地面处落卵最多，每雌产卵800～1 000粒、多达2 000粒；卵期约5d。

幼虫6龄，少数7～8龄，不同阶段为害习性表现为：一至二龄幼虫昼夜均可群集于幼苗顶心嫩叶处，昼夜取食，此时食量很小，为害也不明显；三龄后分散，幼虫行动敏捷、有假死习性、对光线极为敏感、受到惊扰即卷缩成团，白天潜伏于表土的干湿层之间，夜晚出土从地面将幼苗植株咬断拖入土穴或咬食未出土的种子，幼苗主茎硬化后改食嫩叶和叶片及生长点，食物不足或寻找越冬场所时，有迁移现象。五、六龄幼虫食量大增，每头幼虫一夜能咬断菜苗4～5株，多的达10株以上。幼虫三龄后对药剂的抗性显著增加。幼虫发育历期在各地相差很大，但第一代为30～40d。幼虫老熟后在深约5cm土室中化蛹，蛹期9～19d。以老熟幼虫或蛹在土内越冬。

高温对小地老虎的发育与繁殖不利，夏季发生数量较少，适宜生存温度为15～25℃；冬季温度过低，小地老虎幼虫的死亡率增高。为害盛期多出现在春节和秋季。

凡地势低洼，雨量充沛的地方，发生较多；头年秋雨多、土壤湿度大、杂草丛生有利于成虫产卵和幼虫取食活动，是第二年大发生的预兆；但降水过多，湿度过大，不利于幼虫发育，初龄幼虫淹水后很易死亡；成虫产卵盛期土壤含水量在15% ~ 20%的地区为害较重。沙壤土，易透水、排水迅速，适于小地老虎繁殖，而重黏土和沙土则发生较轻。

各虫态发育起点温度和有效积温各观察资料差异较大；卵期发育起点温度为7.2 ~ 11.42℃，幼虫为8.9 ~ 19.8℃，蛹期9.43 ~ 11.21℃；有效积温卵期为43.9 ~ 68.85℃，幼虫254.63 ~ 387.3℃，蛹期175.9 ~ 201.63℃；全世代发育起点为10.74 ~ 11.84℃，有效积温为504 ~ 620.64℃。

小地老虎捕食性天敌主要有广斧螳 *Hierodula patellifera*（Serville）、中华虎甲 *Cicindela chinensis* De Geer、大气步甲 *Brachinus scotomedes* Redtenbacher、中黑苜蓿盲蝽 *Adelphocoris suturalis*（Jakovlev）等。寄生性天敌主要有灰色等腿寄蝇 *Isomera cinerascens* Rondani、小地老虎大凹姬蜂 *Ctenichneumon panzeri*（Wesmael）、螟蛉盘绒茧蜂 *Cotesia ruficrus*（Haliday）、广赤眼蜂 *Trichogramma evanescen*s Westwood、螟黄赤眼蜂 *Trichogramma chilonis* Ishii、伏虎悬茧蜂 *Meteoreus rubens* Nees 等。对小地老虎有侵染毒性的病菌主要有苏云金芽孢杆菌 *Bacillus thuringiensis*、白僵菌 *Beauveria bassiana*、金龟子绿僵菌 *Metarhizium anisopliae* 等。病毒有质型多角体病毒CPV、核型多角体病毒NPV和颗粒体病毒，病原线虫有斯氏线虫科、索科、异小杆科，微孢子虫有杀蛾多形微孢子虫 *Vairimorpha necatrix*、具褶微孢子虫 *Pleistophora schubergi* 等。

18.2 大地老虎 *Agrotis tokionis* Butler

大地老虎属鳞翅目Lepidoptera，夜蛾科Noctuidae，又名黑虫、地蚕、土蚕、切根虫。

该虫分布北起黑龙江、内蒙古，南至福建、江西、湖南、广西、云南，是一种杂食性害虫，主要为害蔬菜、棉花、玉米、烟草、芝麻、果树幼苗，并取食小蓟、婆婆纳、繁缕等多种杂草和植物的枯黄叶片。

【形态特征】

成虫：体长20～22mm，翅展45～48mm，头、胸部褐色，下唇须第2节外侧具黑斑，颈板中部具黑横线1条。前翅灰褐色，外横线以内前缘区、中室暗褐色，基线双线褐色达亚中褶处，内横线波浪形，双线黑色（图18-6A），剑纹黑边窄小（图18-6B），环纹具黑边圆形褐色（图18-6C），肾纹大，具黑边，褐色（图18-6D），外侧具1黑斑近达外横线（图18-6E），中横线褐色，外横线锯齿状双线褐色（图18-6B），亚缘线锯齿形浅褐色，缘线呈一列黑色点，后翅浅黄褐色。

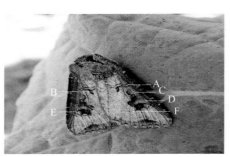

图18-6　成虫
（A.基线双线　B.剑纹　C.环纹
D.肾纹　E.黑斑　F.外横线）

图18-7　幼虫背面观

卵：半球形，卵长1.8mm，高1.5mm，初淡黄后渐变黄褐色，孵化前灰褐色。

幼虫：老熟幼虫体长41～61mm，黄褐色，体表皱纹多，无明显颗

图18-8　幼虫臀板

图18-9　幼虫侧面观

粒。头部褐色，中央具黑褐色纵纹1对，额（唇基）三角形，底边大于斜边，各腹节 D_2 毛片与 D_1 毛片大小相似（图18-7）。气门长卵形，黑色，臀板除末端2根刚毛附近为黄褐色外，几乎全为深褐色（图18-8），体表布满龟裂状皱纹（图18-9）。

蛹：体长24～30mm，黄褐色，第1～3腹节侧面有明显的横沟。背面无刻点，第4～7腹节背面有大小相近的刻点。

【生活习性】

大地老虎年发生1代，在华北地区春季自4月15日至5月20日为蛾高峰期，成虫有强烈趋光性和趋化性，对黑光灯和糖醋液敏感。在田间昼伏夜出，白天躲避在杂草或栽培作物下部阴凉处，夜间活动频繁，进行觅食、交尾和产卵。卵通常散产在田间杂草幼嫩茎部和附近的土壤中。每雌可产卵1 000粒，卵期11～24d。孵化后的幼虫就近取食幼嫩杂草，三龄后幼虫将蔬菜幼苗近地面的茎部咬断，使整株死亡，造成缺苗断垄，严重的甚至毁种。

幼虫从三龄末起，白天入土静伏，夜间外出吞食叶片，幼虫四龄后，有特别的取食和排粪特点，即夜间取食时，仅将头部和部分胸部从土中伸出取食，身体其余部分仍留在土中，粪便则全部排在土壤内。

大地老虎生长适温为15～25℃，为害高峰期主要在春秋两季，夏季即进入滞育阶段，滞育期从5月中旬至9月中旬可达120多天。9月中旬至10月初越夏幼虫陆续化蛹，成虫10月中旬开始羽化产卵。在11月上、中旬以三、四龄幼虫在田埂杂草丛及绿肥田中表土层越冬，长江流域3月初出土为害，5月上旬进入为害盛期，气温高于20℃则滞育越夏。

成虫测报采用黑光灯或蜜糖液诱蛾器。平均每天每台诱蛾5～10头以上，为蛾盛期，20～25d后为二、三龄幼虫盛期；诱蛾连续两天在30头以上，将有可能大发生。

大地老虎捕食性天敌与小地老虎相同，寄生性天敌部分相同。

18.3 区别特征

大地老虎和小地老虎形态特征区别如下：

小地老虎	VS	大地老虎
体褐色至黑褐色，前翅环纹、肾纹和剑状纹褐色具黑边，肾纹外侧有1个三角黑斑指向外缘，外缘内侧有2个三角形黑斑指向内侧	成虫	体褐色，前翅灰褐色，外横线前缘区、中室暗褐色，基线双线褐色，内横线波浪形，剑纹短小，环纹圆形，肾纹大，具黑边，褐色

体表粗糙，布满颗粒，臀板具2条明显的深褐色纵带，腹部各节D2毛片比D1毛片大1倍以上	幼虫	体黄褐色，表面多褶皱，臀板呈1块黑褐色大斑，D_2比D_1毛片稍大或接近
		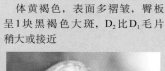

18.4 防治技术

（1）农业防治　清除田边和田间杂草，减少成虫产卵寄主和幼虫食材。

（2）物理防治　①诱杀成虫。用糖、醋、酒诱杀液或甘薯、胡萝卜等发酵液，加少量敌百虫晶体混匀诱杀成虫。②诱捕幼虫。用泡桐叶或莴苣叶诱捕幼虫，于每日清晨到田间捕捉；对高龄幼虫也可在清晨到田间检查，如果发现有断苗，拨开附近的土块，进行捕杀。

（3）生物防治　释放赤眼蜂。在田间蛾高峰期后释放松毛虫赤眼蜂，每667m²每次释放2万头，连续放3次，隔5～7d一次。用芫菁夜蛾线虫浇灌也可感染幼虫。

（4）化学防治　对不同龄期的幼虫，应采用不同的施药方法。幼虫三龄前喷雾，常用的药剂有2.5%溴氰菊酯乳油、40%氯氰菊酯乳油2 000倍液、90%晶体敌百虫1 000倍液。三龄后田间出现断苗，用毒土、毒饵或毒草诱杀，常用的药剂有2.5%溴氰菊酯乳油90～100mL，或50%辛硫磷乳油500mL加水喷拌细土50kg配成毒土，每667m² 20～25kg顺垄撒施于幼苗根标附近，或90%晶体敌百虫0.5kg喷在50kg碾碎炒香的棉籽饼、豆饼或麦麸上，在傍晚撒施于田间，或在作物根际附近围施剁碎并拌有90%晶体敌百虫0.5kg的75～100kg鲜草，每667m²用5kg诱杀幼虫。

19 甘蓝夜蛾和旋幽夜蛾

19.1 甘蓝夜蛾 *Mamestra brassica*（Linnaeus）

甘蓝夜蛾属鳞翅目 Lepidoptera，夜蛾科 Noctuidae，又名甘蓝夜盗蛾、菜夜蛾。

该虫广泛分布于我国各地，以黑龙江、吉林、内蒙古、河北、河南、山东、山西、北京、天津、陕西、宁夏、甘肃、新疆、青海、西藏等省份发生较重。该虫食性极杂，已知寄主达45科120余种。包括甘蓝、花椰菜、白菜、萝卜、油菜、马铃薯及茄果类、豆类、瓜类等蔬菜。尤其嗜食十字花科芸薹属和黎科甜菜属植物。还可为害桃、卫矛、葡萄、紫荆、桑、柏、松、杉等木本植物。

【形态特征】

成虫：体长18～25mm，翅展35～50mm，翅灰褐色。前翅亚外缘线白色（图19-1A）、外横线（图19-1B）、内横线（图19-1C）、亚基线（图19-1D）和基线（图19-1E）呈黑色波纹状，肾纹灰白色，外缘白色（图19-1F），与环纹（图19-1G）接近，楔形纹圆大（图19-1H），位于环纹下内方，近翅顶角前缘有3个小白点。后翅灰色，基部色淡。

图19-1 成虫
(A.亚外缘线　B.外横线　C.内横线　D.亚基线
E.基线　F.肾纹　G.环纹　H.楔形纹)

卵：半球形，底径0.6～0.7mm。卵壳表面有放射状3序纵棱，棱间有一列下陷横带，形成方格。初产时黄白色，孵化前呈紫黑色（图19-2）。

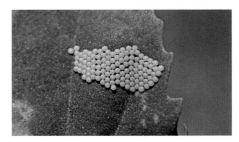

图19-2　卵

幼虫：初孵幼虫体长约2mm，体色淡褐色，胴体有粗毛；二龄体长8～9mm，胴体淡绿色；三龄体长12～13mm，胴体绿黑色，具明显的黑色气门线；四龄体长20mm，体色灰黑，各体节线纹明显；五龄体长28mm；老熟幼虫体长35～40mm，体色多变化（图19-4至图19-6），头部黄褐色（图19-4），体背暗褐至黑色，腹面淡黄褐色，背线及亚背线细（图19-4B和图19-5A），白色，气门线白色（图19-5B），腹足趾钩单行单序中带，大部分个体背部各节有2个马蹄形斑纹图（图19-5C）。一、二龄幼虫仅有2对腹足，三龄后有4对腹足。

图19-3　低龄幼虫

图19-4　黑色老熟幼虫
（A.头部　B.背线及亚背线）

图19-5　褐色老熟幼虫
（A.背线及亚背线　B.气门线　C.马蹄形斑纹）

图19-6　绿色老熟幼虫

图19-7 蛹

蛹：体长约20mm，赤褐色至浓褐色，腹部4、5节后缘和6、7节前缘色深。臀棘末端有2根长刺，刺端球状（图19-7）。

【生活习性】

甘蓝夜蛾年发生代数自北向南逐渐增加，东北地区2代，华北地区2～3代，陕西泾阳4代，新疆2～3代，重庆3～4代。以蛹在寄主根部土表下7～10cm处越冬，当翌年春季气温回升到15～16℃时越冬蛹羽化。出土时间各地不同，在辽宁为5月中旬至6月中旬，在华北是4月下旬至5月下旬。

成虫昼伏夜出，以21:00～23:00活动最盛，取食和交尾多在此时。对糖醋味有趋性，对光有趋性，其中对黑光灯及糖醋液趋性最强。成虫产卵期需吸食露水和蜜露补充营养，补充营养的一头雌蛾一生可产1 000～2 000粒卵，最多可达3 000粒。卵成块产于叶背面，每块卵通常数十粒至数百粒不等；最适宜产卵的场所是幼嫩且高大茂盛植株的荫蔽处。幼虫孵化后群聚叶背啃食叶肉，残留上表皮，千疮百孔的被害叶片很容易被发现。二龄后逐渐扩散取食为害。四龄后食量大增，将叶片吃成孔洞或缺刻，五、六龄进入暴食期，可食光叶肉仅残留叶脉。并可蛀入甘蓝和大白菜叶球内部取食，排出的粪便污染叶球诱发软腐病和黑腐病，严重影响蔬菜商品价值。

甘蓝夜蛾各个虫期对温湿度要求比较严格，平均温度18～25℃，相对湿度70%～80%时，适宜该虫的生长发育；最适宜成虫产卵的温度为21.8～25.2℃。最适宜幼虫发育的温度20～24.5℃。如温度低于15℃或高于30℃，相对湿度低于68%或高于85%，生长发育均会受到抑制。

甘蓝夜蛾具有间歇性和局部猖獗为害的特点，其发生程度与气候、食物及栽培条件等因素关系密切。

甘蓝夜蛾的天敌种类较多，北京地区调查记载有40多种，其中寄生性8种，包括卵期的赤眼蜂 *Trichogramma*（图19-8）、黑卵蜂，寄生幼虫的甘蓝夜蛾拟瘦姬蜂 *Netelia ocellaris*（Thomson）、黏虫白星姬蜂

Vulgichneumon leucaniae（Uchida）、多胚跳小蜂*Litomastix* sp.、茧蜂（图19-9），蛹期的广大腿小蜂*Brachymeria lasus*（Walker）等。捕食性35种，其中有捕食性的蛙类、鸟类、蜘蛛类、步甲类（图19-10）、虎甲类和胡蜂、马蜂等。寄生微生物有甘蓝夜蛾核型多角体病毒（MbNPV）。

图19-8　赤眼蜂寄生甘蓝夜蛾卵

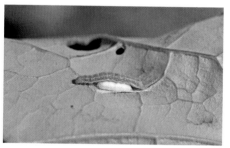

图19-9　茧蜂幼虫钻出化蛹

图19-10　步甲捕食幼虫

19.2 旋幽夜蛾*Discestra trifolii*（Hufnagel）

旋幽夜蛾属鳞翅目Lepidoptera，夜蛾科Noctuidae，又名三叶草夜蛾，车轴草夜蛾，甜菜黎夜蛾。

该虫是间歇性局部发生的多食性害虫，幼虫具有隐蔽性、暴发性和迁移为害等特点。在我国主要分布北京、辽宁、河北、内蒙古、陕西、甘肃、宁夏、青海、新疆、西藏等地。其蔬菜上的寄主植物主要有豌豆、蚕豆、甜菜、菠菜、油菜、白菜、马铃薯及葱，大田作物有小麦、玉米、谷子、高粱、糜子，经济作物有棉花、苘麻及果树有苹果，还有灰条菜、田旋花、蒿蓄、车前草等杂草。

【形态特征】

成虫：体长12～18mm，翅展30～40mm。全体灰褐色，前翅前缘有3对黑白相间的刻斑（图19-11A），前缘顶角有3个等距离的小白点

（图19-11B），前翅外缘又有7个近似三角形的黑斑（图19-11C）；基线（图19-11D）、内线（图19-11E）均呈双线黑色波浪形，环纹斜圆形（图19-11F），灰黄色，黑边；肾纹大，中央有黑褐纹（图19-11G），外线黑色锯齿形（图19-11H），亚端线灰黄色（图19-11I）。

卵：扁圆形，直径0.56～0.70mm，表面有纵棱40条左右，无横路，顶部有1个球状乳突。初产卵乳白色（图19-12），渐变黄褐至褐色，孵化前为黑色。

图19-11　成虫
（A.前缘刻斑　B.前缘顶角小白点
C.外缘黑斑　D.基线　E.内线　F.环纹
G.肾纹　H.外线　I.亚端线）

图19-12　卵

幼虫：老龄幼虫体长30～35mm，三龄以前为黄绿色，五至六龄体色多变，气门线呈紫红色宽带，具黄边（图19-13A）；多数个体为紫褐色至黑褐色，背线细（图19-14A）与甘蓝夜蛾相同，亚背线较甘蓝夜蛾明显粗（图19-13和图19-14B），各体节在亚背线上方有黑色短直纹图（图19-15。

图19-13　老熟幼虫侧面观
（A.气门线　B.亚背线）

图19-14　老熟幼虫背面观
（A.背线　B.亚背线）

蛹：红褐色，体长13～15mm，化蛹初期色泽较浅，为浅绿褐色。逐渐变赤褐色。腹部末端有臀棘2对，第5～7节背面前缘有密集刻点（图19-16）。

图19-15　老熟幼虫

图19-16　蛹

【生活习性】

在新疆玛纳斯县年发生2代，喀什地区年发生3代，青海大通地区年发生1代，华北地区年发生3代。

该虫发育起点温度为9.6℃，完成一个世代有效积温519.2℃。

成虫有较强趋光性，对糖醋液也有趋性，可用黑光灯和糖醋液监测发生期和发生量，决策防治。越冬成虫有明显的迁飞现象，由陕西、山西北部和内蒙古的鄂尔多斯、呼和浩特向东北东南方向迁飞。

成虫产卵对寄主植物有明显的选择性，最喜欢的寄主为灰菜，其次还有甜菜、油菜、马铃薯、玉米、芝麻、小白菜和小麦。大部分卵散产在叶片背面靠近叶脉处。平均单雌产卵量在657粒，最高可达2 000粒。成虫需要补充营养才能产卵。雌虫羽化后5～6d达到产卵高峰。

幼虫有隐蔽性、暴发性、转移为害的特点。幼虫取食寄主的叶片，低龄幼虫有吐丝下垂和假死习性，三龄前昼夜取食，三龄后昼伏夜出。非越冬幼虫老熟后在4～5cm深的土壤中化蛹，90%的越冬幼虫在5～10cm的土层中化蛹。

越冬蛹羽化的时间因气温条件不同而变，当月平均气温在5℃以上时，越冬蛹羽化，一般在4月上旬出现成虫。如果月平均气温低于3℃，成虫则推迟至4月中、下旬出现。幼虫为害高峰期在5月下旬至6月上、中旬。以后世代重叠，陆续均有各虫态出现，直至9月下旬入土越冬。

　　该虫的捕食性自然天敌与甘蓝夜蛾相似，约35种，其中有捕食性的蛙类、鸟类、蜘蛛类、步甲类、虎甲类和胡蜂、马蜂等。病原微生物有颗粒体病毒。

19.3 区别特征

　　甘蓝夜蛾和旋幽夜蛾形态区别特征如下：

甘蓝夜蛾	VS	旋幽夜蛾
前翅亚外缘线白色，外横线和内横线双线黑色波浪形，亚基线、基线黑色波纹状，肾纹灰白色，外缘白色，楔形纹圆大 	成虫	前翅前缘有3对黑白相间的刻斑，前缘顶角有3个等距离的小白点，前翅外缘有7个黑斑，基线、内线双线黑色波浪形，肾纹大，中央有黑纹，外线黑色锯齿形 
体色多变，头部黄色，腹面淡黄色，背线及亚背线细，气门线白色 	幼虫	体色多变，多为紫褐色至黑褐色，背线细、亚背线比甘蓝夜蛾粗，气门下线较宽大，有时会在各节气门的下方间有长条形橙黄色斑 

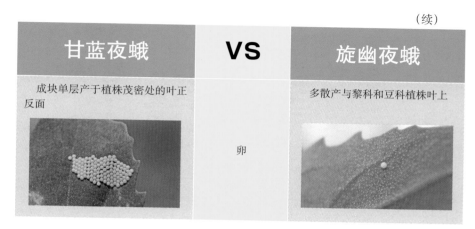

甘蓝夜蛾	VS	旋幽夜蛾
成块单层产于植株茂密处的叶正反面	卵	多散产与黎科和豆科植株叶上

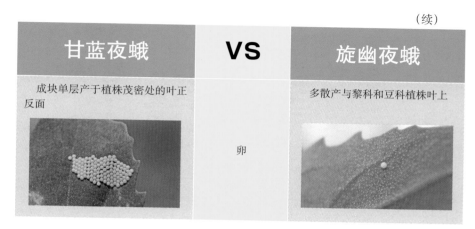

19.4 防治技术

（1）农业防治　翻耕土地，消灭越冬蛹，及时清除杂草和老叶。甘蓝夜蛾可结合农事操作及时摘除作物上的卵块和未扩散的低龄幼虫聚集的叶片。

（2）物理防治　用黑光灯和糖醋液诱杀成虫，同时监测发生期和发生量。

（3）生物防治　在高峰期后1～3d释放松毛虫赤眼蜂，连续释放3次，每隔5d释放一次，每次每667m²释放2万头。

（4）化学防治　常用的药剂有2%甲氨基阿维菌素苯甲酸盐乳油3 000倍液、6%乙基多杀菌素悬浮剂2 000倍液、20%灭幼脲悬浮剂、10%除虫脲悬浮剂1 500倍液或2.5%高效氯氟氰菊酯乳油2 000倍液。

20.1 甜菜夜蛾 *Spodoptera exigua*（Hübner）

甜菜夜蛾属鳞翅目 Lepidoptera，夜蛾科 Noctuidae 又名贪夜蛾，玉米夜蛾。该虫为世界性、多食性、暴发性害虫，除西藏外全国各地均有发生。寄主植物多达35科的150余种。其中旋花科、豆科、茄果类、十字花科蔬菜受害最重，亦可蛀果为害，是长江流域及淮河流域广大地区蔬菜重要害虫。

【形态特征】

成虫：体长 10 ~ 14mm，翅展 25 ~ 34mm，灰褐色，头、胸有黑点。前翅灰褐色，基线仅前段可见双黑纹；内横线双线黑色，波浪形外斜；剑纹为一黑条；环纹粉黄色（图20-1A），黑边，肾纹粉黄色，中央褐色，黑边（图20-1B）；中横线黑色，波浪形；外横线双线黑色，锯齿形，前、后端的线间白色；亚缘线白色，锯齿形，两侧有黑点，外侧在 M_1 处有 1 个较大的黑点；缘线为一列黑点，各点内侧均衬白色（图20-1C）。后翅白色，翅脉及缘线黑褐色。

卵：近半球形，白色，表面有放射状隆起线。成块产于叶片背面，大多数卵块数十粒分 2 ~ 3 层叠加一起，表面覆盖白色绒毛（图20-2）。

图20-1　成虫
（A.环纹　B.肾纹　C.缘线）

图20-2　卵

幼虫：体长25～30mm，体色变化很大，由绿色、暗绿色、黄褐色、褐色至黑褐色等，腹部体侧气门线为明显的黄白色纵带有时呈粉红色（图20-3和图20-4A），末端只达腹部末端，不延伸至臀足上（图20-4B）。腹部各体节气门后上方具一白点（图20-4C和图20-5），绿色个体该特征更明显。

蛹：体长10mm左右，黄褐色，胸部气门深褐色，位于前胸后缘，显著外突，臀棘上有刚毛2根（图20-6）。

图 20-3　黑色老熟幼虫

图 20-4　绿色老熟幼虫
（A.气门线　B.气门线不延伸至臀足上
C.气门后方白点）

图 20-5　褐色老熟幼虫

图 20-6　蛹

【生活习性】

甜菜夜蛾在长江流域一年发生5～6代，少数年份发生7代，主要以蛹在土壤中越冬；随着纬度降低年发生代数逐渐增加，在深圳地区一年可发生10～11代，在华南地区无越冬现象，可终年繁殖为害。甜菜夜蛾在长江流域各代发生为害的时间为：第1代高峰期为5月上旬至6月下旬，第2代高峰期为6月上、中旬至7月中旬，第3代高峰期为7月中旬至8月下旬，第4代高峰期为8月上旬至9月中、下旬，第5代高峰期为8月下旬至10月中旬，第6代高峰期为9月下旬至11月下旬，第7代发生在11月上、中旬。在华北地区年发生2代，第1代发生在7月下旬至8月中、下旬，第2代发生在9月上旬至10月中、下旬。

温度和降水量是影响甜菜夜蛾生长、发育和繁殖的主要因素，适温（或高温）高湿环境条件有利于甜菜夜蛾的生长发育。最适宜生存温度26～29℃，最适宜生存相对湿度70%～80%，在此条件下各虫态的发育历期分别为卵期约2d，幼虫期10～12d，蛹期5～6d，产卵前期1～2d，产卵期4～6d。

甜菜夜蛾成虫具有较强的飞行能力，是一种迁飞性害虫，每年雨季随暖湿气流由南方迁飞到北方，在华北地区7月开始出现迁飞成虫并定居产卵危害，直至10月底，但也有部分老熟幼虫进入保护地的日光温室中继续繁殖危害。成虫昼伏夜出，有强趋光性和弱趋化性。

图20-7 苋菜被害状

甜菜夜蛾幼虫取食的寄主范围涉及35个科，10多个属近150余种植物。其中大田作物30种，蔬菜35种。甜菜夜蛾嗜好在豇豆、甘蓝、白菜等作物上产卵和取食。在各种蔬菜上分布的种群数量多少依次为：豇豆＞苋菜（图20-7）＞蕹菜＞芥菜＞菜心＞大白菜＞芥蓝＞茄子＞番茄。取食不同寄主植物的甜菜夜蛾酯酶活性存在显著差异，其大小依次为青菜＞苋菜＞甘蓝＞甜菜。

甜菜夜蛾与斜纹夜蛾同属鳞翅目，夜蛾科的灰翅夜蛾属，均为多食性，暴发性害虫，其发生时期很相近，寄主作物也多数相同，两种夜蛾常在多种农作物上混合发生，加重了对大田农作物和蔬菜的为害。但对于不同蔬菜种类的嗜好性不同，甜菜夜蛾偏食苋菜、豇豆及蕹菜等蔬菜。斜纹夜蛾偏食菜心、芥蓝和大田作物的棉花、大豆、玉米等。斜纹夜蛾以长江流域以南的南方危害严重，在黄河流域及以北广大地区二者均是在7月随暖湿气流迁飞而至。

甜菜夜蛾的天敌种类丰富。捕食性天敌有各种蛙类、鸟类、蜻类、蜘蛛类以及螳螂、蝼蛄、草蛉、步甲（图20-8）、瓢虫等；寄主性天敌有寄生蜂和寄生蝇近70种，病原微生物10余种，寄生线虫10余种。其中寄生蜂和寄生蝇是甜菜夜蛾的主要寄生性天敌，主要

图20-8　步甲

寄生在幼虫、蛹和卵内。主要种类有寄生卵的碧岭赤眼蜂 *Trichogramma bilingensis* He et Pang、螟黄赤眼蜂 *Trichogramma Chilonis* Ishii、松毛虫赤眼蜂 *Trichogramma dendrolimi* Matsumura、短管赤眼蜂 *Trichogramma pretiosum* Riley 和斜纹夜蛾黑卵蜂 *Telenomus olecto* crawford；寄生幼虫的淡足侧沟茧蜂 *Microplitis pallidipes* Szepligeti、螟蛉悬茧姬蜂 *Charops bicolor*（Szepligeti）、裹尸姬小蜂 *Euplectrus* sp.；寄生蛹的阿格姬蜂 *Agrypon* sp、螟蛉埃姬蜂 *Itoplectis naranyae*（Ashmead）、黏虫棘领姬蜂 *Therion circumflexum*（Linnaeus）。寄生蝇类有埃及等鬃寄蝇 *Peribaea aegypta*（Villeneuve）和温寄蝇 *Winthemia* sp. 等。寄生甜菜夜蛾的病原微生物有真菌类的金龟子绿僵菌 *Metarhizium anisopliae*（图20-9）、球孢白僵菌（图20-10）质沙雷氏菌等；细菌类主要是苏云金芽孢杆菌的苏云金亚种 *Bacillus thuringiensis* subsp. *thuringiensis*、蜡螟亚种 *Bacillus thuringiensis* subsp.*galleriae*、库斯塔克亚种 *Bacillus thuringiensis* subsp.*kurstaki* 和武汉亚种

图20-9　幼虫感染绿僵菌

图20-10　幼虫感染白僵菌

Bacillus thuringiensis subsp. *wuhanensis*；病毒类主要是甜菜夜蛾核型多角体病毒 SeNPV；线虫主要是地老虎六索线虫 *Hexamermis agrotis*、白色六索线虫 *H. albicans siensis* 和太湖六索线虫 *H. taihunensis* 等。还有微孢子虫等多种天敌。这些天敌对甜菜夜蛾种群增长起着重要控制作用。在决策防治和选择用药时应充分给予考虑。

20.2 斜纹夜蛾 *Spodoptera litura*（Fabricius）

斜纹夜蛾属鳞翅目 Lepidoptera，夜蛾科 Noctuidae，又名莲纹夜蛾，俗称夜盗虫、乌头虫等。

该虫为世界性分布。中国除青海、新疆未明外，其他各省份都有发生。是一类多食性和暴食性害虫，寄主相当广泛，除十字花科蔬菜外，还为害包括瓜、茄、豆、葱、韭菜、菠菜、芋、莲等水生蔬菜以及粮食、经济作物等近 100 科 300 多种植物。

【形态特征】

成虫：体长 14 ~ 20mm；翅展 37 ~ 42mm，体暗褐色，胸部背面具白色丛毛。前翅灰褐色，内横线（图 20-11A 和图 20-12A）和外横线白色（图 20-11B 和图 20-12B）、呈波浪形，中间有一条灰白色宽阔的斜纹（图 20-11C 和图 20-12C）。后翅白色，外缘暗褐色。

图 20-11　成虫侧面观
（A.内横线　B.外横线　C.斜纹）

图 20-12　成虫背面观
（A.内横线　B.外横线　C.斜纹）

卵：扁平半球形，直径约 0.5mm，初产时黄白色，孵化前呈紫黑色，表面有纵横脊纹头（图 20-13）。卵粒积集成卵块，其上覆灰黄色鳞毛。

幼虫：老熟幼虫体长30～40mm，黑褐或暗褐色；头部黑褐色；胸部多变，从土黄色到黑绿色变化，中、后胸亚背线上各具1块小白斑（图20-14A），腹部各腹节两侧有近似三角形半月形黑斑1对（图20-14B和图20-15A），以第1腹节（图20-14C和图20-15B）和第8腹节（图20-14D和图20-15C）最大，即便浅色个体其他体节黑斑消失，第一节腹节仍有痕迹，第八节黑斑有时消失。

蛹：体长16～20mm，卵形，红褐至黑褐色。腹末具发达的臀棘一对（图20-16）。

图20-13　孵化的幼虫卵块

图20-14　老熟幼虫侧面观
（A.中、后胸亚背线白斑　B.腹部半月形黑斑
C.第1腹节　D.第8腹节）

图20-15　老熟幼虫背面观
（A.腹部半月形黑斑　B.第1腹节　C.第8腹节）

图20-16　蛹

【生活习性】

该虫是南方的重要害虫，在黄河以北属于偶发害虫，均是由南方在7月随暖湿气流北上迁飞而至。

该虫1年发生多代，世代重叠。华北地区年发生4～5代，长江流域和黄河流域菜区一般年发生5～6代，每年以7～10月发生数量最多。福建年发生6～9代，在广东、广西、海南、福建、台湾等地斜纹夜蛾可周年繁殖，无越冬（滞育）现象，冬季可见到冬虫态。

斜纹夜蛾是一种喜温又耐高温的害虫。各虫态的发育适宜温度为28～30℃，但在33～40℃高温下，生活也基本正常。在福建、广东等南方地区，终年都可繁殖，冬季可见到各虫态，无越冬休眠现象。该虫抗寒力很弱，在冬季0℃左右的长时间低温下基本不能生存。长江中、下游地区不能越冬，为害高峰期在7～9月，也是全年中温度最高的季节。

成虫昼伏夜出。白天躲藏在植株茂密处、土壤、杂草丛中，夜晚活动，以晚8：00至次日00：00为盛。飞翔力很强，一次可飞10m，高可达3～7m。成虫对黑光灯有较强的趋性。喜食糖酒醋等发酵物及取食花蜜作补充营养。

雌成虫产卵前期1～3d，卵多产在叶片背面。每雌产3～5个卵块，每卵块有卵数十粒至数百粒。卵块外覆土黄色鳞毛，乍看似溅在叶片上的泥点。卵期在日平均温度22.4℃时为5～6d，25.5℃为3～4d，28.3℃为2～3d。卵的孵化适温是24℃左右。

初孵幼虫具有群集为害习性，初龄幼虫啮食叶片下表皮及叶肉，仅留上表皮呈透明斑（图20-17）；三龄以后开始分散，四龄后进入暴食期，咬食叶片、花蕾、花及果实，猖獗时可吃尽大面积寄主植物叶片，并迁徙他处为害。老龄幼虫昼伏夜出，白天多潜伏在土缝处，傍晚爬出取食，遇惊扰会落地蜷缩作假死状。当食料不足或不当时，幼虫可成群迁移至附近田块为害。在包心菜上，幼虫还可钻入叶球内为害，把内部吃空，并排泄粪便，造成污染，失去商品价值。

成虫有强烈的趋光性和趋化性，黑光灯的效果比普通灯的诱蛾效果明显，对糖、醋、酒味也很敏感。

斜纹夜蛾的天敌资源非常丰富，据报道全世界已确定的约有169种，包括寄生性、捕食性、病原微生物（真菌、细菌、病毒）、微孢子

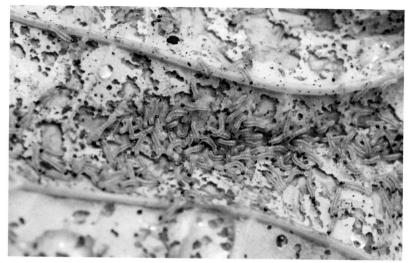

图20-17　初孵幼虫聚集为害状

虫和线虫。在我国浙江大学应用昆虫所报道原寄生蜂29种，包括卵期的斜纹夜蛾黑卵蜂 *Telenomus olecto* Crawford、碧岭赤眼蜂 *Trichogramma billingensis*（He et Pang）、螟黄赤眼蜂 *Trichogramma chilonis* Ishii、广赤眼蜂 *Trichogramma evanescens*（Westwwod）；幼虫期的斜纹夜蛾侧沟茧蜂 *Mecroplitis* sp.、淡足侧沟茧蜂 *Microplitis pallidipes*（Szepligeti）、斑痣悬茧蜂 *Miteoru pulchricornis*（Wesmael）、马尼拉陡胸茧蜂 *Snellenius manilae*（Ashmead）、螟蛉盘绒茧蜂 *Cotesia ruficrus*（Haliday）、斜纹夜蛾长绒茧蜂 *Dolichogenidea prodeniae*（Viereck）、棉铃虫齿唇姬蜂 *Campoletis chlorideae*（Uchida）；蛹期的斜纹夜蛾盾脸姬蜂 *Metopius rufus browni*（Ashmead）、螟蛉埃姬蜂 *Itoplectis naranyae*（Ashmead）、粘虫白星姬蜂 *Vulgichneumon leucaniae*（Uchida）等。其中微孢子虫是斜纹夜蛾自然种群数量的重要抑制因子，不仅当代的自然感染率高达50%以上，还能传播到下一代。另外斜纹夜蛾核型多角体病毒和斜纹夜蛾颗粒体病毒也是自然种群的重要抑制因子，田间常因流行病毒致幼虫死亡。捕食性天敌对一至三龄幼虫的控制作用也较明显。因此，在决策防治和用药时应给予充分考虑保护和利用这些无成本的自然控制作用。

20.3 区别特征

甜菜夜蛾	VS	斜纹夜蛾
蕹菜、苋菜和豇豆	最嗜食的寄主植物	十字花科蔬菜
经常性行为，数量大	迁飞至北方的概率和数量	偶发，数量少
前翅灰褐色，内横线双线黑色，环纹、肾纹粉黄色黑边 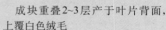	成虫	前翅灰褐色，内横线、外横线白色，波浪形，中间有1条灰白色宽阔的斜纹 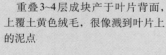
成块重叠2~3层产于叶片背面，上覆白色绒毛	卵	重叠3~4层成块产于叶片背面，上覆土黄色绒毛，很像溅到叶片上的泥点

甜菜夜蛾	VS	斜纹夜蛾
体色多变，腹部各节气门后上方有1白点		体黑褐或暗褐色，胸部多变，中、后胸亚背线上各具一块小白斑，腹部各腹节两侧有近似三角形半月黑斑一对，第2~7节有时消失，第1节和第8节不消失

幼虫

20.4 防治技术

（1）农业防治　①合理安排农作物及蔬菜布局，尽可能避免十字花科蔬菜的连作，拆除夏季寄主桥梁田。蔬菜收获后，及时清除残株落叶，随即翻耕，减少害虫繁殖的场所，消灭大量度夏越冬虫源。②摘除卵块和人工捕杀幼虫，结合田间操作，及时摘除卵块和初孵幼虫的叶片，如幼虫已经分散，则在叶片的周围喷药，消灭刚分散的低龄幼虫。

（2）物理防治　①采用信息素、糖醋液和灯光三者结合诱杀成虫。②在蛾始发期点黑光灯，在灯上设置诱芯，在灯下设置糖醋液盆（糖：醋：酒：水=3：4：1：2）加少量敌百虫诱杀成虫。

（3）生物防治　①保护利用田间自然天敌。②可选用线虫制剂Kaya等（1985）研究出一种线虫胶囊制剂，胶囊中装有芜菁夜蛾线虫和异小杆线虫，将胶囊施于田间后释放出线虫成虫在适宜的温度下感染甜菜夜蛾幼虫，死亡率可达100%。③利用性诱剂（Z9，E11-十四碳烯乙酸酯和Z9，E12-十四碳烯乙酸酯）等诱杀雄蛾，减少雄蛾交尾。④利用生物农药制剂如200亿PIB/g斜纹夜蛾核型多角体病毒水分散颗粒剂800～1 000倍液进行防治。

（4）化学防治　甜菜夜蛾、斜纹夜蛾防治宜在三龄幼虫以前。常用的农药有昆虫生长调节剂类的5%虱螨脲乳油1 000～1 500倍液、5%氟虫脲乳油1 500倍液、5%氟啶脲乳油2 000倍液、10%除虫脲乳油2 000倍液；还可用6%乙基多杀菌素悬浮剂1 500倍液、2%甲氨基阿维菌素苯甲酸盐乳油1 000倍液、5%氯虫苯甲酰胺悬浮剂1 000倍液等。

21.1 棉铃虫 *Helicoverpa armigara*（Hübner）

棉铃虫属鳞翅目Lepidoptera，夜蛾科Noctuidae，又名棉铃食夜蛾、红铃虫、绿带实蛾。

该虫分布于南纬50度至北纬50度，全国各地均有发生。寄主植物包括24科的200多种，其中以禾本科、豆科、菊科、葫芦科、十字花科、茄科、锦葵科、百合科、旋花科和黎科为主。

【形态特征】

成虫：体长15～20mm，翅展31～40mm。复眼较大，球形，绿色（图21-1）。雌蛾头胸部及前翅赤褐色或黄褐色（图21-2），雄蛾头胸部及前翅为青灰色或灰绿色（图21-1）。前翅内横线、中横线、外横线波浪形（图21-2A），外横线外有深褐色宽带（图21-2B），带内有7个清晰的小白点，肾纹（图21-2C），环纹（图21-2D）暗褐色。后翅灰白，沿外缘有黑褐色宽带，宽带中央有2个相连的白斑。后翅前缘有1个月牙形褐色斑。

图21-1 成虫

卵：半球形，高0.52mm，0.46mm，顶部微隆起；表面布满纵横纹，纵纹从顶部看有12条，中部2纵纹之间夹有1～2条短纹且多2～3岔，所以从中部看有26～29条纵纹（图21-2）。

幼虫：共有6龄，有时5龄（取食豌豆苗，向日葵花盘等），六龄老熟幼虫长40～50mm，头黄褐色有不明显的斑纹。幼虫体色多变，有淡红色，背线，亚背线褐色，气门线白色，毛突黑色（图21-4）；有黄白色，背线，亚背线淡绿，气门线白色，毛突与体色相同；有淡绿色，背线，亚背线不明显，气门线白色（图21-5），毛突与体色相同；有深绿色（图21-6），背线，亚背线不太明显，气门淡黄色。气门椭圆形（图21-7），气门裂隙直（图21-8），气门筛不规则。

图21-2　成虫
（A.内横线、中横线、外横线　B.外褐色宽带
C.肾纹　D.环纹）

图21-3　卵

图21-4　棕色老熟幼虫

图21-5　绿色老熟幼虫

图21-6　混合色老熟幼虫

图21-7　黄褐色老熟幼虫

蛹：体长17～20mm，纺锤形，赤褐至黑褐色，腹末有一对从基部分开的臀刺。气门较大，围孔片呈筒状突起较高，腹部第5～7节的点刻半圆形，较粗而稀（烟青虫气孔小，刺的基部合拢，围孔片不高，第5～7节点刻细密，有半圆，也有圆形的）。入土5～15cm化蛹，外被土茧。

气门

图21-8　幼虫前胸气门

【生活习性】

棉铃虫的年发生世代数由北向南逐渐增加，在辽河流域和新疆等地发生3代；黄河流域及长江流域4～5代，华南6代。各地严重为害程度有差异；辽河年发生成以2代为主，黄河2～3代最重；长江流域3～4代最重；华南3～5代较重。

棉铃虫在黄河和长江区域年发生3～4代，以滞育蛹在土中越冬。第1代主要在麦田危害，第2代幼虫主要为害棉花顶尖，第3、4代幼虫主要为害棉花的蕾、花、铃，造成受害的蕾、花、铃大量脱落，对棉花产量影响很大。第4、5代幼虫除为害棉花外，有时还会成为玉米、花生、豆类、蔬菜和果树等作物上的主要害虫。其中2～4代对华北地区茄果类蔬菜的番茄为害严重。

棉铃虫在陕西省关中地区1年发生4代，以蛹在表土中越冬。5月上、中旬越冬代成虫开始羽化。第1代幼虫为害期为5月下旬至6月下旬，第2代幼虫为害期为6月下旬至7月底，第3代幼虫为害期为8月上旬至9月上旬，第4代幼虫于10月。在山东莱州市每年发生4代，九月下旬老熟幼虫陆续入土，在5～10cm的土中化蛹越冬。翌年春季气温回升15℃以上时越冬蛹开始羽化，4月下旬至5月上旬为羽化盛期，第1代成虫盛期出现在6月中下旬，第2代在7月中下旬，第3代在8月中下旬至9月上旬，至10月上旬尚有棉铃虫出现。

成虫白天栖息在叶背或荫蔽处，黄昏开始活动，吸取植物花蜜作补充营养，飞翔力强，产卵有强烈的趋嫩性；喜欢在玉米喇叭口栖息和产卵。

成虫对黑光灯（300nm光波）和含有杨素的半枯萎杨树枝有强趋性，

白天隐藏在叶背等处，黄昏开始活动，取食花蜜；交尾和产卵在夜间进行，每日交尾产卵有两个高峰，晚上7：00～9：00和早上3：00～4：00。卵多散产于植株上部叶背面；少数产在正面、顶芯、叶柄、嫩茎上或杂草等其他植物上。一头雌蛾一生可产卵500～1 000粒，最高可达2 700粒。

初孵幼虫先吃掉卵壳后再转移到叶背栖息，当天不吃不动，第二天开始爬至生长点或果枝嫩头取食，因食量很小，为害不明显。三龄后食量增加，危害加重并钻蛀果中为害。幼虫有转移为害的习性，一头幼虫可为害多株菜苗，可钻蛀3～5个果实。

幼虫蛀食茄果类蔬菜的花蕾、花和果实，也为害嫩茎、嫩叶和幼芽。花蕾和花被害后，苞叶张开，变成黄绿色，2～3d后脱落。幼果可被蛀食成空壳，果内充满虫粪，引起腐烂而脱落；近成熟的果实被蛀食后，病菌从蛀孔处侵入，引起腐烂，导致果实脱落。幼芽、嫩叶和嫩茎被蚕食或蛀食后，常使嫩茎生长停滞或折断。

棉铃虫发生的最适宜温度为25～28℃，相对湿度70%左右。低于20℃不能生长发育。卵和幼虫15℃时即大量死亡，35℃时死亡率近45%。

图21-9　被寄生的幼虫及寄生蜂的茧

棉铃虫天敌种类很多，寄生性的卵期有广赤眼蜂、玉米螟赤眼蜂；幼虫期有棉铃虫齿唇姬蜂 *Campoletis chlorideae* Uchida、甘蓝夜蛾拟瘦姬蜂 *Netelia ocellaris* (Thomson)、螟蛉盘绒茧蜂 *Cotesia ruficrus* (Halidag)、中红侧沟茧蜂 *Microplitis mediator* (Halidag)、姬蜂（图21-9）、广大腿小蜂 *Brachymeria lasus* (Walker)、善飞狭颊寄蝇 *Carcelia koxkiana* Townsend、伞裙追寄蝇 *Exorista civilis* Rondani 和日本追寄蝇 *Exorita japonica* Townsend 以及棉铃虫核型多角体病毒等。捕食性的有七星瓢虫 *Coccinella septempunctata* Linnaeus、龟纹瓢虫 *Propylea japonica* (Thunberg)、异色瓢虫 *Harmonia axyridis* (Pallas)、暗色姬蝽 *Nabis stenoferus* Hsiao、日本通草蛉 *Chrysoperla nipponensis* (Okamoto)、丽草蛉 *Chrysopa formosa* Brauer、大草蛉 *Chrysopa pallens* (Rambur) 以及蜘蛛等。

21.2 烟青虫 *Helicoverpa assulta*（Guenèe）

烟青虫属鳞翅目 Lepidoptera，夜蛾科 Noctuidae，又名烟草夜蛾。

该虫与棉铃虫为近似种，形态上极为相似，广泛分布于我国的各个省区。主要寄主为辣椒类、烟草和番茄。在蔬菜田以辣椒和甜椒、彩椒为主。

【形态特征】

成虫：体长14～18mm，翅展24～33mm，雌蛾体背及前翅棕黄色（图21-10），雄蛾灰黄绿色（图21-11）。内横线（图21-11A）、中横线、外横线波浪形，中横线为双线，亚外缘线为宽带形，内横线与中横线间有一褐色环纹（图21-11B），中横线上端分两叉（图21-11C），叉间有一灰褐色肾纹（图21-11D）。后翅外缘有一黑色宽带。

图21-10　雌成虫
（A.内横线　B.褐色环纹
C.中横线上端分两叉　D.肾纹）

图21-11　雄成虫

卵：扁半球形，高约0.4mm，宽约0.45mm，卵孔明显，卵壳上有网状花纹，但不分叉。

幼虫：老熟幼虫体长40～50mm，色泽与棉铃虫相似，亦变化较大，有绿色、灰褐色、绿褐色等多种。体表较光滑，体背有白色点线，各节有瘤状突起（图21-12和图21-13），上生黑色短毛（图21-14A）。各体节体表刚毛比棉铃虫短而粗。气门几乎圆形（图21-4B），气门裂隙弧形，气门筛规则（图21-15）。

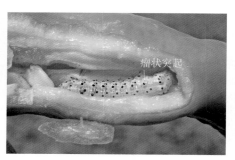

图21-12 幼虫蛀辣椒果实

图21-13 浅色幼虫

图21-14 棕色幼虫
（A.黑色短毛 B.气门）

图21-15 棕色幼虫侧面观

蛹：体长17～20mm，纺锤形，赤褐至黑褐色，腹末有一对尖端分开臀刺。

【生活习性】

在东北、华北年发生2代，长江流域年发生3～4代，华南年发生5～6代，以蛹在土中作土室越冬。

成虫有趋光性，对萎蔫的杨树枝有较强的趋性，对糖蜜亦有趋性，趋光性较弱。昼伏夜出，于夜间交尾产卵，卵单粒产于中上部叶片近叶脉处或果实上。

幼虫有假死性，孵化后二至三龄大量注入果中为害；可转移蛀食花和果实。为害辣（甜）椒时，整个幼虫钻入果内，啃食果皮、胎座，并在果内缀丝，排留大量粪便，使果实不能食用。

各虫态在20～28℃条件下发育历期分别为卵3～4d，幼虫期11～25d，蛹期10～17d，成虫期5～7d。

烟青虫的寄生性天敌主要有姬蜂、赤眼蜂、绒茧蜂、捕食性天敌有草蛉、瓢虫、猎蝽及蜘蛛等。寄生卵的主要有拟澳洲赤眼蜂 *Trichogramma comfusum* Viggiani。寄生一至三龄幼虫的有棉铃虫齿唇姬蜂 *Campoletis chlorideae* Uchida、螟蛉悬茧姬蜂 *Charops bicolor*（Szepligeti）；寄生三龄以上幼虫的有中华卵索线虫；还有菌类的球孢白僵菌 *Beauveria bassiana*（Bals）和苏云金芽孢杆菌 *Bacillus thuringiensis* 以及病毒类的烟青虫质型多角体病毒、烟青虫核型多角体病毒和棉铃虫核型多角体病毒，在田间自然寄生率可达10% ~ 34%。总之，自然天敌应在决策防控时给予充分重视，尽量保护其少受伤害或不受伤害。

21.3 区别特征

棉铃虫与烟青虫形态区别特征如下：

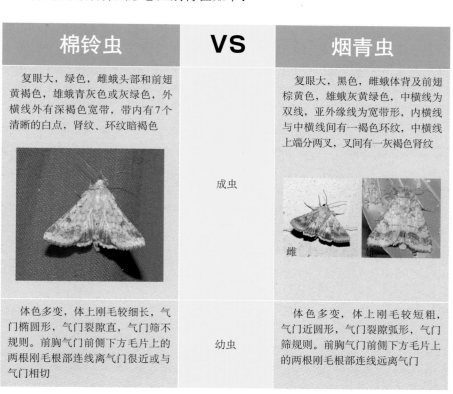

棉铃虫	VS	烟青虫
复眼大，绿色，雌蛾头部和前翅黄褐色，雄蛾青灰色或灰绿色，外横线外有深褐色宽带，带内有7个清晰的白点，肾纹、环纹暗褐色	成虫	复眼大，黑色，雌蛾体背及前翅棕黄色，雄蛾灰黄绿色，中横线为双线，亚外缘线为宽带形，内横线与中横线间有一褐色环纹，中横线上端分两叉，叉间有一灰褐色肾纹
体色多变，体上刚毛较细长，气门椭圆形，气门裂隙直，气门筛不规则。前胸气门前侧下方毛片上的两根刚毛根部连线离气门很近或与气门相切	幼虫	体色多变，体上刚毛较短粗，气门近圆形，气门裂隙弧形，气门筛规则。前胸气门前侧下方毛片上的两根刚毛根部连线远离气门

温馨提示
　　棉铃虫和烟青虫田间鉴别特征主要依据寄主植物，棉铃虫主要危害和钻蛀番茄果实，烟青虫主要钻蛀辣椒和甜椒果实。

21.4 防治技术

（1）农业防治　①翻耕、整枝、摘除虫果。②早、中、晚熟品种搭配种植。③田内种植玉米诱集带，诱蛾产卵。

（2）物理防治　①在田间设置带高压电网的黑光灯加性诱剂诱芯诱杀雄成虫。每 3.33hm² 设置一盏。灯管下方 2～3cm 处放置带烟青虫诱芯的 0.1% 洗衣粉水的水盆。②将杨树枝把剪成长 60～70cm，5～10 根捆成一把，基部一端绑在木棍上，插在田间，每亩 10 把诱蛾，从田间黑光灯出现成虫时开始插，持续半个月左右，每天清晨捕杀成虫，5～7d 更换一次杨树枝把。

（3）生物防治　在蛾发生高峰期开始释放松毛虫赤眼蜂，每 667m² 每次 2 万头，连续 2～3 次，每隔 5～7d 一次。可选用生物制剂 20 亿 PIB/g 棉铃虫核型多角体病毒悬浮剂 1 000 倍液、8 000IU/g 苏云金芽孢杆菌悬浮剂 800～1 000 倍液进行喷雾防治。

（4）化学防治　选用 4% 鱼藤酮乳油 100～200 倍液、1.3% 苦参碱水剂 800～1 000 倍液、20% 氯虫苯甲酰胺悬浮剂 5 000 倍液、2% 甲氨基阿维菌素苯甲酸盐悬浮剂 2 000 倍液、2.5% 溴氰菊酯乳油 2 000 倍液、10% 溴氰虫酰胺可分散油悬浮剂 3 000 倍液等。

银纹夜蛾

银纹夜蛾属鳞翅目Lepidoptera，夜蛾科Noctuidae，别名豆步曲、大造桥虫。发生较为普遍，除为害大豆外，还为害甘蓝、白菜、萝卜等十字花科蔬菜以及莴笋、茄子、胡萝卜等。

【形态特征】

成虫：体长12～17mm，翅展32～36mm。体暗褐色，头胸灰褐色，胸部具毛簇（图22-1A）。前翅深褐色，翅中具1银色斜纹，翅中有一显著的U形银纹，紧贴其下方至后缘方向有一块银斑，两块银斑个体间差异较大，有的分离（图22-2），有的连接（图22-1B）。前翅后缘和外缘区域可见闪光。

图22-1　成虫侧面观
（A.胸部毛簇　B.连接的银斑）

图22-2　成虫背面观

卵：呈半球形，长0.5mm，白色至淡黄绿色，表面具网纹（图22-3）。

幼虫：老龄幼虫体长30mm，淡绿色，虫体前端较细，后端较粗。头部潜绿色，酮体绿色，各体节毛片上具黑色长刚毛（图22-4A），体背线、亚背线、气门上线和气门线白色（图22-4B）；胸足及腹足绿色。第一至二对腹足退化，行走时体背拱曲。

图 22-3　卵

图 22-4　幼虫
（A.刚毛　B.体背线、亚背线、气门线）

图 22-5　蛹

蛹：长约18mm，初期背面褐色，腹面绿色，纺锤形，第1～5腹节背面前缘灰黑色，腹部末端延伸为方形臀刺，上生钩状刺6根。茧薄（图22-5）。

【生活习性】

每年发生代数因地区而异，在杭州年发生4代，湖南年发生6代，广州年发生7代。以蛹越冬。

成虫夜间活动，有趋光性和趋化性。羽化时间多在上午7:00～10:00，羽化补充营养后2～3d产卵。每雌平均产卵300多粒。卵单粒产于叶背。初孵幼虫至三龄在叶背取食叶肉，残留上表皮，四龄后取食全叶及嫩荚，将菜叶吃成孔洞或缺刻；排泄的粪便污染菜株。幼虫老熟后多在叶背吐丝结茧化蛹。每年春、秋与菜青虫、菜蛾同时发生，呈双峰型，但虫口绝对数量远低于前两种。进入秋季以老熟幼虫化蛹越冬。

该虫天敌昆虫主要有捕食性的异色瓢虫 *Harmonia axyridis*（Pallas）、七星瓢虫 *Coccinella septempunctata* Linnaeus、龟纹瓢虫 *Propylea japonica*（Thunberg）等；寄生性的有满点黑瘤姬蜂 *Coccygomimusaethiops*（Curtis）、广黑点瘤姬蜂 *Xanthopimpla punctata*（Fabricius）、棉铃虫齿唇姬蜂 *Campoletis chlorideae* Uchida、三化螟沟姬蜂 *Amauromorpha accepta*

（Tosquinet）、中红侧沟茧蜂*Microplitis mediator*（Haliday）、塔吉克侧沟茧蜂*Macroplitis tadzhica* Telenga、脊腹脊茧蜂*Alaiodes cariniventris*（Enderlein）、墨玉巨胸小蜂*Perilampus tristis* Mayr、银纹夜蛾多胚跳小蜂*Copidosoma floridanum*（Ashmead）等。

【防治技术】

（1）农业防治　对秋天末代幼虫发生较多的田块进行冬耕深翻，可直接消灭部分越冬蛹，被深埋的蛹则不能羽化出土，而暴露地表的蛹又会被鸟类等天敌捕食或风干而死，因而可大大降低来年的虫口基数。

（2）物理防治　利用成虫较强的趋光性，在羽化期设置黑光灯诱杀成虫，以降低田间落卵量和幼虫密度。

（3）生物防治　人工投放满点黑瘤姬蜂或喷施苏云金杆菌SD-5、银纹夜蛾核多角体病毒等制剂控制危害。

（4）化学防治　掌握在三龄以前喷药，常用药剂有2.5%溴氰菊酯乳油1 000～2 000倍液、4.5%高效氯氰菊酯2 000倍液、18%阿维菌素乳油2 000～3 000倍液、5%氟啶脲乳油1 000倍液或10%吡虫啉可湿性粉剂1 000～1 500倍液喷施。

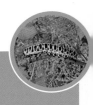

莴笋冬夜蛾

莴苣冬夜蛾（*Cucullia fraterna* Butler）属鳞翅目Lepidoptera，夜蛾科Noctuidae分布黑龙江、内蒙古、新疆、江西、辽宁、吉林、浙江等省份。寄主莴苣、苦荬菜。

【形态特征】

成虫：体长20mm左右，翅展46mm。头部、胸部灰色，颈板近基部生黑横线1条。腹部褐灰色。前翅灰色或杂褐色，翅脉黑色，亚中榴基部有黑色纵线1条；内横线黑色呈深锯齿状；肾纹黑边隐约可见；中横线暗褐色，不清楚；缘线具1列黑色长点。后翅黄白色，翅脉明显，端区及横脉纹暗褐色。

卵：半圆形，有纵棱及横道，乳白色至浅黄色。

幼虫：末龄幼虫体长约45mm，头黑色（图23-1A），头盖缝灰白色。气门线、背线黄色（图23-1B），各体节两侧在两线之间各具近菱形大黑斑1个（图23-1C），斑外有浅黄色环，各节间有哑铃状黑斑（图23-1D）。腹面黑色，节间也有黑黄相间点块。围气门片、气门筛黑色，气门后具小黑点1个。胸足及腹足基部黑色。

图23-1　幼虫
（A.头部　B.气门线、背线　C.近菱形大黑斑　D.哑铃状黑斑）

蛹：长约23mm，红褐色，化蛹时作土茧。

【生活习性】

吉林、辽宁年生2代，以蛹越冬，幼虫于6月下旬至9月上旬为害莴苣。成虫白天隐蔽，夜间活动，有趋光性。

【防治技术】

（1）农业防治　冬前耕翻土地，利用冬季的低温和阳光直射消灭一部分越冬蛹，减少第二年发病虫源。

（2）物理防治　在成虫发生期，采用黑光灯进行诱杀。

（3）生物防治　注意保护和利用自然天敌。

（4）化学防治　可选用4.5%高效氯氰菊酯1 500倍液、2%甲氨基阿维菌素苯甲酸盐2 000倍液、2.5溴氰菊酯乳油2 000倍液、6%乙基多杀菌素2 000～3 000倍液进行叶面喷雾进行防治。

24 黄翅菜叶蜂

黄翅菜叶蜂 [*Athalia rosae ruficrnis*（Jakovlev）] 属膜翅目 Hymenoptera，叶蜂科 Tenthredinidae。又名油菜叶蜂、芜菁叶蜂。分布广泛，华北和华东地区发生普遍，局部或特殊年份暴发成灾，以油菜、芥蓝、青花菜、樱桃萝卜等名特优稀蔬菜受害较重。以幼虫取食叶片和花蕾，严重时亦啃食幼尖、花器或根部，严重影响蔬菜的生长发育和产品质量。

【形态特征】

成虫：体长6～8mm，头部和中、后胸背面两侧为黑色（图24-1A），其余橙黄色，但胫节端部及各跗节端部为黑色（图24-1B）；翅基半部黄褐色，向外渐淡至翅尖透明，前缘有一黑带与翅痣相连；触角黑色（图24-1C），雄性基部两节淡黄色；腹部橙黄色，雌虫腹部末端有短小的黑色产卵器。

卵：近圆形，大小为0.83mm×0.42mm，卵壳光滑，初产时乳白色，后变成黄褐色。

幼虫：老熟时体长约15mm，幼龄时灰绿色，逐渐变成蓝黑色，头部黑色，体表有许多小突起和皱纹，胸部较粗，腹部较细，有3对胸足和8对腹足。

图24-1　成虫
（A.头部、中胸、后胸
B.胫节及附节端部　C.触角）

图24-2　低龄幼虫

图24-3　高龄幼虫

图24-4　幼虫为害油菜状

蛹：长15mm，头部黑色，蛹体初为黄白色，后变为橙色，覆长椭圆形灰色薄膜状茧。

【生活习性】

在华北年发生4～5代，在东北年发生3～4代。每年春季4月中、下旬开始化蛹，5月气温转暖时陆续羽化，晴天气温较高时，成虫最活跃，并交尾产卵。卵产于叶缘背面组织内，产后分泌黏液包上，产卵处形成小隆起，每产一卵，虫体稍向前移动，又产一卵，卵常并排成一列。幼虫多数5龄，极少数4龄或6龄。一至二龄幼虫多栖息于叶背。初孵幼虫从叶里钻出啃食叶肉，二龄后将叶咬成孔洞或缺刻。幼虫昼夜均取食为害，夜间、早晚取食活动最多。幼虫大发生时，常将叶片吃成网状。还可食害留种菜的花和荚。幼虫具有假死性。秋天10月幼虫老熟后在土下10～40mm处作土室吐丝结茧过冬。翌年4月陆续化蛹。

每雌虫可产卵40～150粒。卵发育历期在春、秋为11～14d，夏季6～9d，幼虫共5龄，发育历期10～12d。预蛹期10～20d（越冬代4～5个月），蛹期7～10d，每年春、秋呈两个发生高峰，以秋季8～9月作物受害最重。

【防治技术】

（1）农业防治　①秋冬深翻土壤，破坏越冬蛹室。②收获后清除田间杂草、残枝落叶。③利用其假死性人工捕捉，清晨用浅口容器承接叶下，容器内盛水和泥，振动植株和叶片，使其落入容器内，集中杀死。成虫发生期每天10：00～17：00用捕虫网在田间或地边杂草上捕抓。

（2）化学防治　菜叶蜂幼虫对药剂较为敏感，易于防治。可用20%除虫脲悬浮剂2 000倍液、5%氟虫脲乳油1 500倍液、5%氟啶脲乳油2 500倍液、2.5%溴氰菊酯乳油、10%氯氰菊酯乳油、5.7%氟氯氰菊酯乳油3 000～4 000倍液在傍晚喷洒防治，效果优异，药效可维持20多天。

25.1 二斑叶螨 *Tetranychus urticae* Koch

二斑叶螨属蛛形纲Arachnide，蜱螨亚纲Acari，真螨目Acariformes，叶螨科Tetranychidae，又名棉红蜘蛛，世界性分布。在我国分布于北京、河北、辽宁、陕西、甘肃、山东、安徽、江苏、台湾等地。寄主植物广泛，包括蔬菜、果树、棉花、木薯、花卉及杂草等140余科1 100多种植物。其中蔬菜作物35种，主要为害豆类、瓜类和茄果类及十字花科蔬菜。

【形态特征】

成螨：雌成螨体长0.45～0.55mm，宽0.30～0.35mm，椭圆形，体色淡黄色和黄绿色，身体两侧各有1个黑色斑块（图25-1）。越冬代滞育个体为橙红色。雄成螨略小，体长0.35～0.40mm，宽0.2～0.25mm。体末端尖削。

卵：球形，长0.12mm，光滑，初产时无色透明，渐变橙红色，将孵化时现出红色眼点（图25-2）。

黑色斑块

图 25-1　成螨

图 25-2　卵

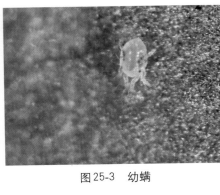

图 25-3　幼螨

幼螨：初孵时近圆形，体长0.15mm，无色透明，取食后变暗绿色，眼红色，足3对（图25-3）。

若螨：前期若螨体长0.21mm，近卵圆形，足4对，色变深，体背出现色斑（图25-4）。后期若螨体长0.36mm，黄褐色，与成虫相似（图25-5）。雄性前期若螨蜕皮后即为雄成虫。

图 25-4　第一若螨

图 25-5　第二若螨

【生活习性】

二斑叶螨在南方年发生20代以上，北方12～15代。北方以雌成虫在土缝、枯枝落叶下或旋花、夏枯草等宿根性杂草的根际等处吐丝结网潜伏越冬。越冬雌螨翌春平均气温5℃以上时开始活动。出蛰后多集中在早春寄主如小旋花、荇草、菊科、十字花科等杂草和草莓上为害，第1代卵也多产这些杂草上，卵期10余天。成虫开始产卵至第1代若螨孵化盛期需20～30d。随气温升高繁殖加快，在23℃时完成一代13d；26℃ 8～9d；30℃以上6～7d。6月中旬至7月中旬为猖獗为害期。进入雨季虫口密度迅速下降，为害基本结束，如后期仍干旱可再度猖獗为害，至9月气温下降陆续向杂草上转移，10月陆续越冬。

二斑叶螨在日光温室和现代化温室中可周年繁殖为害，发生世代可达

20代以上。在春节后的2月中旬天气逐渐变暖时即开始活动繁殖，进入3月初种群开始迅速增殖，3月下旬至6月是日光温室作物的严重受害期。夏季7月雨季来临时种群下降，秋季9月种群开始上升，10～11月是秋季为害时期，12月至翌年1月随气温下降棚室内湿度增加，种群处于抑制状态。

二斑叶螨主要营两性生殖，也可孤雌生殖，未受精卵孵出雄螨。每雌可产卵50～110粒。

二斑叶螨成、若螨均可产生为害，受害叶片被害初期为许多细小失绿斑点，随着螨量的增加和为害程度的加剧，叶片很快失绿，渐变为褐色，叶片逐渐变硬变脆，最后枯黄脱落（图25-6和图25-7）；喜群集叶背主脉附近并吐丝结网于网下为害，大发生或食料不足时常千余头群集叶端成一团（图25-8和图25-9）。有吐丝下垂借风力扩散传播的习性。高温、低湿适于发生；低温高湿不利于发生。最适宜的温湿度分别为24～25℃，相对湿度30%～40%。温度在20℃以下，湿度在80%以上不利于繁殖。

图25-6　茄子叶片被害状

图25-7　草莓叶片被害状

图25-8　二斑叶螨在茄子叶片上聚集为害

图25-9　二斑叶螨在西瓜叶片上聚集为害

二斑叶螨在田间的天敌很多，主要有智利小植绥螨*Phytoseiulus persimilis* Athias-Henriot（图25-10）、黄瓜新小绥螨*Neoseiulus cucumeris* (Oudemans)（图25-11）、加州新小绥螨*Neoseiulus californicus* Megregor（图25-12）、拟长毛钝绥螨*Amblyseius pseudolongispinosus*（图25-13）、东方钝绥螨*Amblyseius orientalis* Ehara（图25-14）、巴氏新小绥螨（图25-15）、食螨瘿蚊*Cincticorma* sp.（图25-16）、草蛉、塔六点蓟马*Scolothrips takahashii* Priesner（图25-17）、东亚小花蝽*Orius sauteri*（Poppius）、食螨瓢虫、异色瓢虫*Harmonia axyridis* Pallas、等。其中智利小植绥螨对二斑叶螨的捕食能力最强，并已经用于田间的防治。这些天敌对二斑叶螨种群增殖有很强的控制作用。化学防治时注意选择对天敌伤害小的药剂种类。

图25-10 智利小植绥螨捕食二斑叶螨

图25-11 黄瓜新小绥螨捕食叶螨

图25-12 加州新小绥螨捕食叶螨

图25-13 拟长毛钝绥螨捕食叶螨

图 25-14　东方钝绥螨捕食叶螨

图 25-15　巴氏新小绥螨捕食叶螨

图 25-16　食螨瘿蚊捕食叶螨

图 25-17　塔六点蓟马

25.2 截形叶螨 *Tetranychus truncates* Ehara

截形叶螨属蛛形纲 Arachnide，蜱螨亚纲 Acari，真螨目 Acariformes，叶螨科 Tetranychidae。国内分布于北京、河北、河南、辽宁、江苏、广东、广西等地。寄主主要有枣树、棉花、玉米、豆类和蔬菜。

【形态特征】

成螨：雌成螨体长 0.50 ～ 0.55mm。体椭圆形，多数鲜红色，少数深红色或锈红色（图 25-18）。体两侧有不规则暗色黑斑。雄成螨 0.40 ～ 0.46mm。体色多为黄绿色或橙黄色；头胸部前端近圆形，背面菱形（图 25-19）。末端向背面弯曲形成一微小端锤，背缘平截状。

卵：直径 0.1 ～ 0.12mm，透明，圆球形，初产时乳白色，逐渐加深至乳黄色，孵化前可见两个红色眼点（图 25-20）。

图25-18　雌成螨

图25-19　雄成螨

幼螨：长0.15～0.2mm，半球形，透明，浅黄或黄绿色，眼红色，具3对足。

若螨：椭圆形，长约0.21mm，具4对足，越冬代红色，非越冬代黄色。体型及体色似成螨，但个体小（图25-21）。

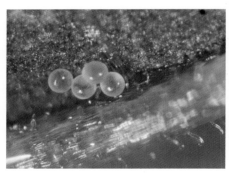

图25-20　卵

图25-21　若螨

【生活习性】

在北京地区年发生12～15代，在华北地区以雌螨在枯枝落叶或土缝中越冬，在华中地区以各虫态在杂草丛中或树皮缝越冬，在华南地区冬季气温高时继续繁殖活动。早春气温达10℃以上，越冬成螨即开始大量繁殖，多于4月下旬至5月上中旬迁入菜田，先是点片发生，随即向四周迅速扩散。在植株上，先为害下部叶片，然后向上蔓延，繁殖数量过多时，常在叶端群集成团，滚落地面，被风刮走，扩散蔓延。

该螨发育起点温度为7.7 ～ 8.8℃，最适温为29 ～ 31℃，相对湿度为35% ～ 55%。相对湿度超过70%时不利其繁殖。高温低湿发生严重。

　　截形叶螨的捕食性天敌与二斑叶螨相近。主要有智利小植绥螨、草蛉、塔六点蓟马、小花蝽、食螨瓢虫、异色瓢虫、黄瓜新小绥螨、拟长毛钝绥螨和食螨瘿蚊等。

25.3 区别特征

　　二斑叶螨与截形叶螨形态区别特征：

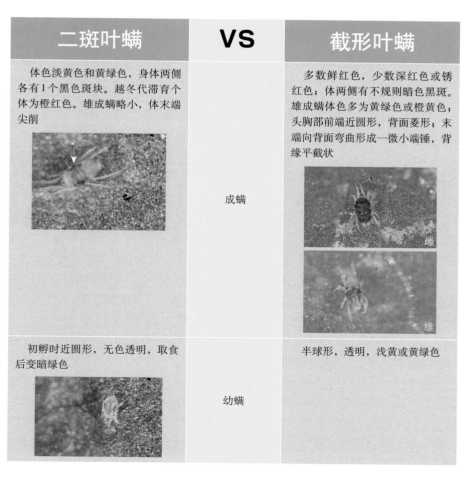

二斑叶螨	VS	截形叶螨
体色淡黄色和黄绿色，身体两侧各有1个黑色斑块。越冬代滞育个体为橙红色。雄成螨略小，体末端尖削	成螨	多数鲜红色，少数深红色或锈红色；体两侧有不规则暗色黑斑。雄成螨体色多为黄绿色或橙黄色；头胸部前端近圆形，背面菱形；末端向背面弯曲形成一微小端锤，背缘平截状
初孵时近圆形，无色透明，取食后变暗绿色	幼螨	半球形，透明，浅黄或黄绿色

（续）

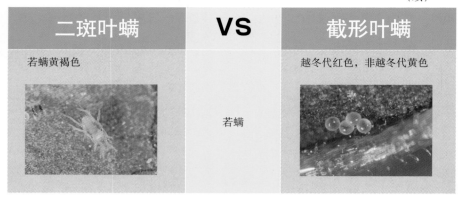

二斑叶螨	VS	截形叶螨
若螨黄褐色	若螨	越冬代红色，非越冬代黄色

25.4 防治技术

（1）农业防治　①定植前清洁田园，彻底铲除杂草，残株并集中处理，降低田内虫口基数。②大棚种植在夏季换茬时，进行高温闷棚处理。方法是将棚内杂草、残株连根拔除，晾晒在棚内，棚室密闭7～10d。③加强苗期管理，培育净苗。及时翻耕除草，清除阔叶杂草和上茬残株。

（2）生物防治　目前应用效果较好的天敌主要是捕食螨，可在保护地释放捕食螨。具体方法是在叶螨发生初始阶段释放智利小植绥螨，以益害比为1∶50的比例释放，以叶螨分布核心区重点释放为主；其次是释放黄瓜新小绥螨或巴氏新小绥螨，每10m²释放2～3袋（300头/袋）。

（3）化学防治　二斑叶螨对常用杀螨剂抗性较高，可选用43%联苯肼酯悬浮剂3 000倍液、30%乙唑螨腈悬浮剂3 000～5 000倍液，均可达到较好的防治效果，但要注意一个生长季连续使用不要超过2次，并且与其他药剂交替使用，以延缓抗药性产生。有机种植可选用99%矿物油乳油200倍液进行防治，防治效果较好。

截形叶螨对常用杀螨剂均较敏感，除以上药剂外，还可选用73%克螨特乳油1 000～2 000倍液、20%甲氰菊酯乳油2 000倍液、2.5%联苯菊酯乳油3 000倍液、5%噻螨酮乳油2 000倍液、20%双甲脒乳油1 000～1 500倍液、1.8%阿维菌素乳油2 000倍液、15%哒螨灵乳油2 500倍液进行防治，效果均较好。

26 茶黄螨

茶黄螨属蛛形纲 Arachnide，蜱螨亚纲 Acari，真螨目 Acariformes，跗线螨科 Tarsonemidae，又名侧多食附线螨。我国分布在北京、天津、河北、内蒙古、山西、山东、河南、江苏、浙江、福建、广东、广西、安徽、江西、湖南、湖北、四川、贵州、台湾等地。在国外分布于 40 多个国家。寄主植物广泛，已知寄主达 70 余种。主要为害黄瓜、茄子、辣椒、马铃薯、番茄、芹菜、木耳菜、萝卜及瓜类、豆类，等蔬菜。

【形态特征】

成螨：雌成螨椭圆形，较宽阔，腹部末端平截，长约 0.21mm。发育成熟的雌成螨呈琥珀色，半透明（图 26-1 和图 26-2）。雄成螨近六角形，末端为圆锥形，长约 0.19mm，发育成熟的雄螨为琥珀色，半透明。

图 26-1　雌成螨（1）

图 26-2　雌成螨（2）

卵：椭圆形，长 0.1mm，卵体无色透明，卵面纵向排列 6 行白色瘤状突起图（图 26-3）。

图 26-3　卵

【生活习性】

茶黄螨年发生25～31代，在热带及温室条件下，全年都可发生。在北京、天津及其以北地区的冬季，该螨不能在露地越冬。长江流域以雌成螨在冬作物和杂草根部越冬；另一部分在保护地繁殖越冬。长江以南在禾本科杂草叶鞘内及辣椒僵果萼片下和褶皱中越冬。在冬季温暖地带可周年繁殖，没有越冬现象。

在保护地蔬菜栽培条件下，在北京地区该螨可周年发生，春季4月上旬开始缓慢扩散，5月上中旬出现一个明显为害期，7月下旬至11月下旬为盛发期。在露地栽培条件下，该螨于6、7月开始发生，7月多雨年份种群增殖迅速，从7月开始至8月种群增殖速度快，为害高峰期主要集中在8月份和9月上旬。

该螨主要营两性生殖，也可营孤雌生殖，两性生殖的后代有雌雄两性。孤雌生殖后代只有雄性。

成螨有很强的趋嫩性。大部分由雌若螨和成螨自行爬向植株幼嫩部位，一部分由雄成螨携带雌若螨转移而至幼嫩部位。在本田的扩散主要靠田间农事操作和风力传播，在本田以外主要靠风力、农具、移栽菜苗等方式携带进行传播扩散。

该螨最显著的特征是成、幼螨集中在寄主幼芽、嫩叶、花、幼果等幼嫩部位刺吸汁液，尤其是尚未展开的芽、叶和花器。被害叶片增厚僵直、变小、变窄，叶背呈黄褐色、油渍状，叶缘向下或向上卷曲。幼茎变褐、丛生或秃尖（图26-4）。花蕾畸形，果实变褐色（图26-5），粗糙，无光泽，出现裂果（图26-6），植株矮缩。

图26-4　黄瓜生长点被害状

图26-5　辣椒生长点被害状

图 26-6　长茄果实被害状　　　　图 26-7　圆茄果实被害状

　　该螨繁殖发育的最适宜温度为22～28℃、相对湿度为80%～90%。卵和若螨相对湿度在70%以下时不能孵化和正常生长。高温对生长抑制作用明显，持续2～3小时35℃高温，卵和若螨死亡率可达80%以上，成螨死亡率达60%以上。

　　据报道，该螨天敌有黄瓜新小绥螨*Neoseiulus cucumeris*（Oudemans）、巴氏新小绥螨*Neoseiulus barkeri*（Hughes）、斯氏钝绥螨*Amblyseius swirskii*Athias -Henriot、智利小植绥螨*Phytoseiulus persimilis* Athias-Henriot 及塔六点蓟马*Scolothrips takahashii* Priesner、腹管食螨瓢虫*Stethorus siphonulus* Kapur等，在自然条件下尚未发现天敌对种群增长有显著控制作用的报道。

　　【防治技术】

　　（1）农业防治　①消灭茶黄螨灭越冬虫源，铲除田边杂草，清除残株败叶。②合理轮作，将嗜食寄主与非嗜食寄主轮换种植，切断该螨食物链。③育苗前处理育苗环境，出苗后密切监测发生情况，及时消灭该螨，培育无虫壮苗。④选用早熟品种，早种早收，避开害螨发生高峰。

　　（2）生物防治　注意保护自然天敌，田间可选择释放黄瓜新小绥螨，方法是在发生初期的点片阶段每平方米2～3袋（300头/袋），20～30d后控制效果明显。

　　（3）化学防治　由于茶黄螨主要聚集在植株生长点取食为害，对于黄瓜、西瓜等作物可以选择药剂涮头法，在晴天傍晚即将有茶黄螨的植株生长点在药液中浸蘸一下。茶黄螨发生症状明显时期使用1.8%阿维菌素乳油3 000倍液或2%甲氨基阿维菌素苯甲酸盐乳油3 000倍液，涮头法是喷雾用药量的1/10即可达到与其同样的效果。对于茄子、豆角等不便于使用涮头法的作物，可选用5%噻螨酮乳油2 000倍液、1.8%阿维菌素乳油3 000倍液进行叶面喷雾防治。

欢迎投稿

咨询电话：郭编辑　　13301056293
　　　　　　　　　　010—59194762
投搞邮箱：guochenxi007@163.com